Edizioni PensareDiverso
Cenacolo Jung Pauli

Bruno Del Medico

# Kvantna zapletenost i psihička sinkronicitet

Polja sile, razina nelokalnosti, ekstrasenzorne percepcije. Iznenađujuća svojstva kvantne fizike.

*"Moje je osobno mišljenje da za znanost budućnosti stvarnost neće biti isključivo mentalna ili isključivo fizička.*
*Moramo se nadati da fizika i psiha postaju komplementarni aspekti iste stvarnosti."*
*(Wolfgang Pauli, Nobelova nagrada za fiziku, u pismu Abrahamu Paisu, 1950)*

Kazalo knjiga.

## Uvod. O čemu govori ova knjiga.

Mnoga su se stoljeća izvansenzorna opažanja slična telepatiji, predznacima budućnosti i vidovitosti smatrala lažnim maštarijama, iluzijama ili izumima.

Materijalistički pristup koji prevladava u znanstvenim krugovima apriori negira bilo kakvu "duhovnu" stvarnost. Razlog je taj što se ove stvarnosti ne mogu provjeriti u laboratoriju.

Unatoč tome, svi su ljudi imali neko iskustvo slično onome što ga niječe znanost. Primjerice, možemo se sjetiti neobjašnjivih događaja, predznaka budućih događaja ili snova koji se ostvaruju.

Često smo imali koristi od ovih iskustava. To pokazuje da to nisu bila iluzorna iskustva.

Te pojave nisu rijetke i pogađaju sve. Neki su znanstvenici, obdareniji otvorenijeg uma, željeli riješiti problem znanstveno. Pitali su se postoji li način da se razumiju ekstrasenzorna iskustva bez pribjegavanja okultizmu, mitologiji ili pseudo-religijskoj filozofiji. Knjiga iznosi iskustva ovih istraživača.

Sada se konačno pojavljuju dokazi koji znanstveno pokazuju postojanje višeg nivoa svijesti.

Postoji "kolektivni um" koji sadrži ideje i misli zajedničke čitavom čovječanstvu. Ovo je psihički kozmos, koji možemo koristiti u svoju korist. Iz ovog kozmosa primamo signale i informacije.

Godine 1980. eksperimentalno je potvrđeno "kvantno zapletanje".

Ovo svojstvo tipično je za elementarne čestice.

Sve čestice (atomi, elektroni, fotoni) mogu međusobno komunicirati bez trpljenja ograničenja prostora i vremena.

To se oštro suprotstavlja pretpostavkama materijalističkog gledišta.

Komunikacija između elementarnih čestica događa se u dimenziji koja nije podložna poznatim zakonima fizike. Ova se dimenzija može usporediti s "Univerzalnim umom".

Eksperimenti "Projekta globalne svijesti" provedeni na Sveučilištu Princeton nesumnjivo su pokazali postojanje svjetske svijesti.

Knjiga opisuje takozvanu teoriju "kolektivne podsvijesti" koju je razvio poznati psihoterapeut Carl Gustav Jung. Jungova teorija vrlo je slična neoplatonskom konceptu "Anima mundi". Te su teorije potvrđene u predviđanjima kvantne fizike, koja su razvili ugledni znanstvenici i nobelovci.

Kvantna fizika dokumentira postojanje razine koja se naziva "nelokalna". Na ovoj razini, elementarne čestice, unatoč tome što ih razdvajaju ogromne udaljenosti, znaju sve jedna o drugoj i ponašaju se kao da su jedno.

Iz materijalističke vizije svemira koja se u potpunosti temelji na slučajno agregiranoj materiji, čovječanstvo se kreće prema novom načinu razumijevanja stvarnosti, gdje materija i psiha koegzistiraju i integriraju se.

Dok klasična fizika ostaje dominantna u svijetu, a osjetilno je uočljiva, pojavljuju se nove razine stvarnosti s psihičkim sadržajima.

Na kvantnoj razini klasična fizika više ne vrijedi. Materijalni dio kozmosa sam ne uspijeva izvršiti svoju funkciju. Potrebna je psihička dimenzija, odnosno viša razina, razina nelokalnosti.

Na ovoj razini cijeli svemir postaje jedno. Više nije napravljen od materije već od energije i informacija, a koordinira ga sila harmonije bez koje bi postojao samo kaos.

U najskrivenijim razinama stvarnosti materija ne može bez psihe. Slično tome, psihi je potreban materijalni dio da bi se izrazila.

Ta svijest prati čovječanstvo prema novom evolucijskom skoku, nakon čega će materijalistička prevlast prestati.

Uspostavit će se doba suradnje psihe i materije. Pojave koje se sada negiraju, poput ekstrasenzornih percepcija, postat će nasljedstvo uobičajene upotrebe u svakodnevnom životu.

# 1. dio - Važne početne teme.

*The person who follows the crowd*
*will usually go no further than the crowd.*
*(Albert Einstein)*

*Tko slijedi gomilu, nikada neće ići dalje od gomile.*
*(Albert Einstein)*

## Masakr u ulici Baruhill.

27. listopada 1992. dogodila se stravična tragedija u Terrigalu, stambenom naselju Bateau Bay smještenom na Središnjoj obali, nedaleko od naseljenog australskog grada Sydneya.

U trenutku ludila muškarac je provalio u dom Thomasa Gannana u ulici Baruhill, ubivši Thomasa i njegove dvije kćeri: 23-godišnju Kerry i 18-godišnju Lisu.

Nadalje, isti je luđak ubio vlastitog 27-godišnjeg sina Davida i još dvoje ljudi koji su bili u kući.

Ime počinitelja pokolja bilo je Malcolm Baker.

Prema lokalnim novinama The Sidney Morning Herald, koje su opširno pokrivale stvar, sve se dogodilo iz glupih razloga. Svakako je masakr u ulici Baruhill jedna od onih epizoda koja vapi za osvetom pred nebom.

Suočeni s tim slučajevima svi smo zapanjeni. Pitamo se zašto se tako gnusan zločin mogao dogoditi. Vjernici se mogu zapitati: Zašto Bog to dopušta?

Bol cijele zajednice bio je velik. Julie, koja je bila Thomasova treća kći, imala je 17 godina u vrijeme masakra. Julie je napisala potresnu ljubavnu pjesmu za izgubljene voljene, iz koje citiram nekoliko redaka:

> ... now that everything has happened
> I wish it were a dream,
> but unfortunately it is reality,
> even if I can't believe it.
> Dear Dad, even if you are gone

*Slika 1. Desno je Lisa Gannan. Pokraj Lise nalazi se njezina sestra Kerry, također žrtva koju je ubio Malcolm Baker. Na fotografiji je i majka djevojčica, koja u vrijeme masakra nije bila kod kuće.*

The Sydney Morning Herald

Late Edition | 60 cents* | 48 Pages | No 48,409 | First Published 1831 | Editorial 282 2822; General 282 2833; Classifieds 282 1122 | Thursday

# Couple split up before massacre

*Slika 2. Naslovna stranica Sydney Morning Heralda s vijestima o masakru.*

I always love you..."

*"... Sad kad se sve dogodilo*
*Volio bih da je to san,*
*ali nažalost to je stvarnost,*
*čak i ako ne mogu vjerovati.*
*Dragi tata, čak i ako te nema,*
*Uvijek te volim ..."*

Izvijestio sam o ovom strašnom masakru kako bi knjizi dao smisao. Naravno, kad smo suočeni s pitanjem zašto se te stvari mogu dogoditi, nemamo odgovora. Međutim, možemo zamisliti da se to ne bi dogodilo da je "netko" izdao upozorenje ,.

Mnogo puta u prisutnosti iznenadnih katastrofa različitih vrsta, poput prirodnih katastrofa, postoje ljudi koji tvrde da su imali "negativne osjećaje" zahvaljujući kojima su uspjeli izbjeći najgore. Zašto se to uvijek ne dogodi? Zašto se to ne dogodi svima? Zašto se to nije dogodilo u slučaju obitelji Gannan?

*Neshvatljiva predosjećaj.*

Međutim, moguće je da je ta obitelj dobila upozorenje. Kao što smo vidjeli, čitajući Julijinu dirljivu pjesmu, sve su djevojke u obitelji Gannan voljele pisati. Lisa je također oduševila pisanjem stihova.

Očito, djevojka puna života, vedra, sunčana, što je drugo mogla napisati, osim himni na radost?

Lisa je bila u školi. Učiteljica je bila neugodno iznenađena kad je, malo prije pokolja, pročitala ove retke u Lisinom dnevniku:

"Why did you come to cry before my grave?
I'm not in the grave, I'm not sleeping.
I am a wandering star in the darkness of the night sky.
Don't cry here anymore,
I'm not in the grave, I live in the dark sky."

*„Zašto si plakao pred mojim grobom?*
*Nisam u grobu, ne spavam.*
*Lutajuća sam zvijezda u tami noćnog neba.*
*Ne zaustavljajte se i ne plačite ovdje,*
*Nisam u grobu, živim na tamnom nebu."*

Kad ju je učitelj pitao zašto su stihovi tako puni gorčine, Lisa je odgovorila da ne zna, jer su joj se u mislima rodili spontano.

Međutim, moramo se zapitati i da li bi ih Lisa mogla razumjeti.

Lisu su vjerojatno upozorili, ali na nepoznatom, hermetičnom jeziku, teško za tumačenje. Djevojci taj jezik nije bio razumljiv.

Sve stvari koje se događaju oko nas, čudne slučajnosti, „znakovi", ako nemaju značenje, ne mogu se razumjeti.

Ako, s druge strane, uspijemo shvatiti beznačajnu epizodu, ta ista epizoda za nas postaje značajna slučajnost. Psiholog Carl Jung te događaje naziva "psihičkom sinkronicitetom ".

Jung je veći dio svog života posvetio proučavanju ovih tema. Svi primamo mnoge poruke u obliku neuhvatljivih signala, čudnih slučajnosti, često ponavljanih kombinacija, paralela. Međutim, ne razmatramo ih s pravom pozornosti.

To se događa jer te činjenice smatramo pukim slučajevima. Teško je povjerovati da je „nekome“ toliko stalo do nas i pokušava nam poslati upozorenja. Zašto bi to trebao učiniti? A ako to želi učiniti, zašto se ne izražava jasnije?

*Može se dogoditi i suprotno.*

Suprotno poteškoćama u tumačenju prethodne epizode, gospodin Woods je puno više pozornosti posvetio intuiciji opasnosti. Bio je stariji partner u odvjetničkoj tvrtki u New Yorku. Čini se da je nekoliko puta uspio izbjeći neposredne opasnosti.

U stvari, prema vrlo raširenoj anegdoti na Internetu, izbjegao je tri napada.

Prvi put je to bilo 21. prosinca 1988. kada se Woods nije ukrcao na let Pan Am 103. Taj je avion bio Boeing 747-121 zvan Clipper Maid of the Seas i letio je iz Londona za New York. Avion je eksplodirao dok je letio

Tragedija se dogodila nad gradom Lockerbie u Škotskoj. 270 ljudi je poginulo u avionskoj nesreći, 259 u avionu i 11 na zemlji, pogođenih olupinama aviona.

Gospodin Woods je spašen jer je odustao od ulaska u avion.

Drugi put, 26. veljače 1993., izbjegao je teroristički napad, onaj protiv Svjetskog trgovinskog centra na Manhattanu. Tada je, zbog eksplozije kombija napunjenog eksplozivom smještenog na podzemnom parkingu, bilo 6 mrtvih, a preko 1000 ozlijeđenih.

Napokon, 11. rujna 2001. g. Woods se odselio iz "Kula blizanaca" neposredno prije terorističkog napada koji ih je srušio.

Čak i ako ova priča nije dokumentirana na precizan način, postoje deseci sličnih, povezanih s vrlo sretnim ljudima, ili ... ti su ljudi bili vrlo pažljivi na psihička upozorenja.

Koliko duša teži?

Mnogo je stvari oko nas koje ne razumijemo. Je li ovo vječna osuda ili se možemo nadati da ćemo prije ili kasnije pronaći način za rasvjetljavanje?

Sve sugerira da mnoge ljudske sposobnosti nisu poznate, uistinu, postoje neke koje niti ne zamišljamo. Druge sposobnosti su samo intuitivne, treće, poput vizije budućnosti i telepatije, kunemo se da postoje, ali ih ne znamo pravilno koristiti.

Posljednjih su stoljeća znanstvene predrasude o stvarnosti svemira negirale bilo kakvu mogućnost sudjelovanja psihičke stvarnosti u funkcioniranju prirode.

Svijet oko nas smatra se mješavinom "čvrste materije" podvrgnute mehanističkim pravilima. Prema ovoj koncepciji, normalne su samo stvari koje se mogu izvagati i izmjeriti, sve ostalo je čista iluzija, kao da ne postoji.

*Potrebne su preciznije metode vaganja.*

Dolaskom prosvjetiteljstva, kulturnog i filozofskog pokreta koji se razvio u Europi oko 18. stoljeća, konstatirano je da ako duša postoji, mora biti moguće izmjeriti njezinu težinu. To je zato što ne može postojati duša sačinjena samo od "duhovne supstance".

Dakle, netko je odlučio provjeriti težinu ljudi nedugo prije i nedugo nakon smrti. Želio je vidjeti je li njihova težina drugačija. Budući da je težina ostala ista, eksperimentator je zaključio da duša u potpunosti ne postoji.

Mislio sam da bi se ovaj eksperiment mogao smatrati smiješnim bez dodavanja komentara. Umjesto toga, dobio sam vijest da je netko želi ponoviti u naše vrijeme.

Film pod nazivom "21 gram" snimljen je 2003. godine, a zasnovan je na eksperimentima iz 1901. godine, koje je vodio dr. Duncan MacDougall, u Dorchesteru. Postoji mnogo gradova s ovim imenom, ali ovdje se pozivamo na onaj koji se nalazi u Massachusettsu (SAD).

Znanstvenik je želio pokazati da ljudska duša ima masu i da je stoga mjerljiva, koristeći preciznije vage od onih koje su se koristile u 1700-ima.

Dakle, potvrdio je težinu šest umirućih ljudi prije i nakon smrti tih ljudi. Njegov je zaključak bio da duša teži 21 gram, pa otud i naslov filma.

Radi veće sigurnosti, liječnik je također izvagao psa istom metodom i utvrdio da je u tom slučaju težina ostala ista. Zaključio je da samo ljudska bića imaju duše, a životinje nemaju.

*Ali sve je to pogrešno!*

Sve dok se znanost pretvara da ima materijalistički pristup ove vrste, neće biti napretka u dijalogu između znanosti i psihe. Ono što želimo potvrditi u ovoj knjizi jest da stvarnost nije sastavljena samo od materije.

Pitanja koja si postavljamo ista su stoljećima ista:

- Je li moguće da i psiha ima mjesto u svemiru napravljenom od materije?

- Postoji li veza između psihe i materije i koje su njezine osnove?
- Ima li naša osobna savjest sposobnost komunikacije sa svim ostalim savjestima svemira?
- A koje su ostale svijesti svemira?
- Na koji se način ta komunikacija može odvijati između različitih svijesti svemira?
- I na kraju, postoji li globalna svijest, „nadsvijest" koja povezuje i objedinjuje sve pojedinačne svijesti?

Ta se pitanja mogu činiti složenima, ali nije nemoguće približiti se njihovom razumijevanju. Mnogi rade na olakšavanju zadatka. Ovi znanstvenici to čine ozbiljno i znanstvenom metodom.

U ovoj knjizi predstavljam otkrića, eksperimente i iskustva najpoznatijih znanstvenika. Te se teorije odnose na discipline uključene u ovo istraživanje, od psihologije do kvantne fizike.

Imati sposobnost istražiti ove teme, umjesto da ih sa znanstvenog gledišta prosuđuju kao neutjecajne, može pridonijeti objektivnom razumijevanju sposobnosti našega uma i načina na koji uspijeva dijalogizirati s univerzalnim umom.

U svojoj ulozi širenja informacija pokušat ću izložiti sve razne hipoteze, bez naginjanja prema bilo kojoj.

## Normalno i paranormalno.

Tvrdnja da su psihički fenomeni "paranormalni" vrlo je upitna. Nešto se može nazvati "neobičnim" ako se to ne događa često ili se ne događa većini ljudi. Međutim, svi znamo, čak i iz osobnog iskustva, da se ekstrasenzorne percepcije javljaju normalno i često.

Međutim, za ovu kategoriju događaja službena je znanost skovala prefiks "para-" s potpuno negativnim značenjem. Paragrafom definiramo sve stvari koje se, prema službenoj znanosti, ne mogu vagati i mjeriti u laboratoriju i prema tome ne postoje.

Slijedom ovog kriterija, mnoge teme o kojima govorim u ovoj knjizi bile bi paranormalne, praktički bi bile obmana ili rezultat mentalne sugestije.

Mišljenje mnogih drugih slobodoumnijih znanstvenika je da su, s druge strane, to normalni događaji, doista vrlo normalni, jer uključuju vrlo velik broj ljudi, često više puta.

Stoga i sam te događaje definiram kao pojave, ali ne u smislu epizoda koje treba prezirati. Pojmom fenomeni uputit ćemo se na neobične činjenice koje trebaju daljnja proučavanja kako bi postale razumljive.

Nije neobično imati "mentalnu viziju" koja tada postaje stvarnost. Tako se i nama svima može dogoditi da pomislimo na osobu koju smo dugo izgubili iz vida, a kratko vrijeme kasnije možemo od nje primiti telefonski poziv.

Slično tome, često uspijevamo mentalno podijeliti s voljenima neke misli koje su nam prirasle srcu. Dijeljenje se događa čak i kad nikada prije nismo izrazili te misli.

Gotovo svi smo imali osjećaj da nas ponekad promatraju. Tada se okrenemo i vidimo da netko stvarno zuri u nas s leđa.

Za zagovornike materijalizma to su fantastične tvorevine koje se rađaju u mozgu.

Prema materijalistima, sposobnost razmišljanja čovjeka temelji se na razmjeni elektrokemijskih signala unutar mozga. Te se razmjene odvijaju unutar lubanje. Ništa ne može izaći.

Stoga je potpuno isključena mogućnost da nam misli izlaze iz glave ili ulaze u glavu dolazeći iz drugih glava.

Sve što zamišljamo rađa se i umire u našem mozgu, nema šanse izaći. Naše misli ne mogu putovati u svemir i ne mogu doći do drugih mozgova.

Neki kažu da bi možda bilo moguće prenijeti signale povezivanjem dva mozga električnim kabelom. Ili bi trebao Wi-Fi sustav koji može razmjenjivati signale između mozgova.

Po njima je wi-fi sustav zasnovan na telepatiji, odnosno na razmjeni čistih misli, bez fizičkih veza, potpuno nezamisliv. Iako se čini da se javljaju telepatski fenomeni, prema materijalističkoj znanosti oni se ne događaju. Odlučili su da telepatija ne postoji.

U ovom trenutku vrijedi se zapitati što je znanost. Možda je znanost sustav u kojem se sve odvija prema predrasudama većine?,

Ili je znanost sustav u kojem se istražuju bez isključivanja bilo kakve mogućnosti? Mora se uzeti u obzir da je previše nepogrešivih učitelja moralo promijeniti svoja uvjerenja. Nažalost, često se dogodi da se pogrešna uvjerenja promijene tek nakon što su svima nametnuta dulje vrijeme.

Počevši od stoljeća prosvjetiteljstva pa sve do posljednjih godina, materijalizam je bio jedina moguća stvarnost. Konačno, od sredine prošlog stoljeća, otkrića kvantne fizike izbrisala su mnoge zablude.

Od pojave kvantne fizike nadalje, mala manjina prosvijetljenih umova otvorila je nove horizonte. Ti se znanstvenici nastavljaju povećavati kako znanstveni dokazi čine materijalističke teorije zastarjelima.

Ti su muškarci preispitali koncept psihe. Psiha je postala bitna komponenta u opisu stvarnosti, zajedno s materijom.

Prva organizacija posvećena znanstvenom proučavanju izvansenzornih stvarnosti bilo je "Britansko društvo za psihička istraživanja".

*Britansko društvo za psihička istraživanja.*

1882. godine tri člana "Trinity College" u Cambridgeu stvorila su ovo društvo. Zvali su se Chiaman Edmund Gurney, Frederic Myers i Henry Sidgwick. Edmund Rogers također je sudjelovao u zakladi

BSPR je neprofitna udruga osnovana u ovu svrhu:

"Proučavanje događaja i vještina kontakta s duhovima ili paranormalima. Promovirajte i podržavajte važna istraživanja u ovom području."

Nadalje, tvrtka je stvorena za "znanstveno i nepristrano ispitivanje paranormalnih pojava".

Stoga je BSPR rođen upravo da bi dobro istražio parapsihološke ili paranormalne pojave i procijenio koliko je istine bilo.

Istraživanje se usredotočilo na šest područja:

- telepatija;
- očaranost ili magnetizam;
- kontakti s duhovima;
- ukazanja; mistične vizije;
- fizičke pojave koje se javljaju tijekom seansi;
- povijest svih ovih pojava.

Udruženje se trenutno nalazi u Londonu i Cambridgeu. Francuski ogranak SPR-a osnovan je 1885. godine kao "Société Francaise pour les Recherches Psychiques" (SFRP). Nakon toga osnovano je američko ogranke "Američko društvo za psihička istraživanja" (ASPR).

Neki od poznatih pristaša udruge bili su Carl Gustav Jung, Mark Twain, Lewis Carroll, Carl Alfred, Lord Tennyson, J. B. Rhine i Arthur Conan Doyle.

Aktivnost udruživanja nastavlja se izdavanjem tromjesečnika "Journal of Society for Psychical Research" (JSPR)

*Još uvijek nije dovoljno.*

Prihvaćanje službene znanosti u sukobu s BSPR-om bilo je hladno. Hermann Ludwig Ferdinand von Helmholtz, njemački liječnik, fiziolog i fizičar. bio je jedan od najsposobnijih znanstvenika svoga vremena. Iz tog razloga dobio je nadimak "Kanzler der Physik" (kancelar fizike). Izjavio je vrlo odlučno:

Nikada neću vjerovati u prijenos misli između različitih ljudi. Neću se predomisliti ni ako poslušam svjedočenje svih članova BSPR-a. Zapravo, neću se predomisliti čak i ako to vidim svojim očima.

Izjave slične ovoj dane su i u slučaju prijenosa glasa i slika. Međutim, radio valovi su kasnije otkriveni.

Možda će otkriće "psihičkih valova", trenutno nepoznatog u uobičajenoj fizici, natjerati mnoge da ponovno razmisle.

Na kvantnoj razini, smatra se da su "psihički valovi" ili nešto vrlo slično moguće i da se proučavaju.

Nažalost, znanost je vrlo konformistička i svi se prilagođavaju postojećoj situaciji, pogotovo ako moraju puno izgubiti. Situacija u svijetu istraživanja je razočaravajuća. Ozbiljnih studija o ekstrasenzornim percepcijama i dalje je vrlo malo.

Zapravo, ako bi netko želio svoj interes usmjeriti na područje paranormalnog, sigurno ne bi pronašao financiranje i ozbiljno bi ugrozio svoju karijeru.

Srećom, stvari se mijenjaju, iako polako. Materijalizam je zastarjela doktrina.

Nažalost, još uvijek postoje velike skupine, tvrdoglavo predane obrani materijalističkih teorija. Izgledaju kao posljednji Japanci zabarikadirani u utvrdama pacifičkih otočića, oni koji nisu željeli prihvatiti stvarnost. Za materijaliste je stvarnost da je rat završio porazom.

Zidovi Jerihona propadaju.

Postoje neka nedavna otkrića, koliko god bila neočekivana, dok su dokumentirana i potvrđena, koja uznemiruju vjerovanja fizike u posljednjih nekoliko stoljeća i mogu presudno utjecati na razumijevanje izvansenzornih pojava (ESP).

Otkrića posljednjih godina, posebno na polju kvantne fizike i u proučavanju svemira, pružaju potpuno drugačiji pogled na stvarnost.

Spominjem neke vijesti korisne za razumijevanje sljedećih poglavlja.

*"Bezvrijedna DNK".*

U molekularnoj biologiji, "nekodirajuća DNA" definira se kao bilo koja DNA sekvenca koja nije predmet transkripcije u RNA. Jednostavno rečeno, "nekodirajuća DNA" nema poznate funkcije, nitko ne zna čemu služi. Očigledni nedostatak korisnosti za ovu DNK doveo je do toga da se pojam junk DNA stvori.

Formulirano je nekoliko hipoteza. Međutim, jedina je sigurnost da je otprilike 98,5% ljudskog genoma sastavljeno od nekodirajućih sekvenci, tj. "Smeća DNA".

Čak i uzimajući u obzir druge metode izračuna, postotak DNA koji se čini da se ne koristi i dalje je visok (oko 72,5%).

Uočene su značajne sličnosti između baznih parova ljudske DNK i riba, pasa ili pilića. Čini se da postoje ljudski DNA elementi zajednički vrstama milionima godina udaljenim na evolucijskom putu. Za sve to vrijeme DNK različitih vrsta održavao je "beskorisni" dio netaknutim.

No, nisu li nas naučili da evolucija zamjenjuje beskorisne dijelove poboljšanjima?

Stoga je vrlo vjerojatno da sva ta "smeća DNA" ima neku još nejasnu ulogu, vrlo različitu i vjerojatno razvijeniju od uloge normalne DNA.

*Regeneracija moždanih stanica.*

Neurobiologija od svog nastanka tvrdi da mozak odraslih sisavaca (dakle i čovjeka) ne može generirati nove živčane stanice. Kako starimo, mozak neumoljivo ide prema propadanju.

Prije dvadesetak godina, otkrićem matičnih stanica mozga, ta je sigurnost izbrisana i sada znamo da je moguće stvaranje novih neurona u nekim dijelovima mozga odraslih.

Na temelju pokusa na miševima, mozak bi mogao proizvesti do 10 000 novih neurona svaki dan.

Otpornost mozga izuzetno je veća nego što se vjerovalo do prije nekoliko desetljeća.

Slijedom toga, treba preispitati funkciju i mogućnosti ljudskog mozga. 1980. godine prestižni znanstveni časopis "Science" dokumentirao je slučaj pacijenta na liječenju na Sveučilištu Sheffield u Velikoj Britaniji.

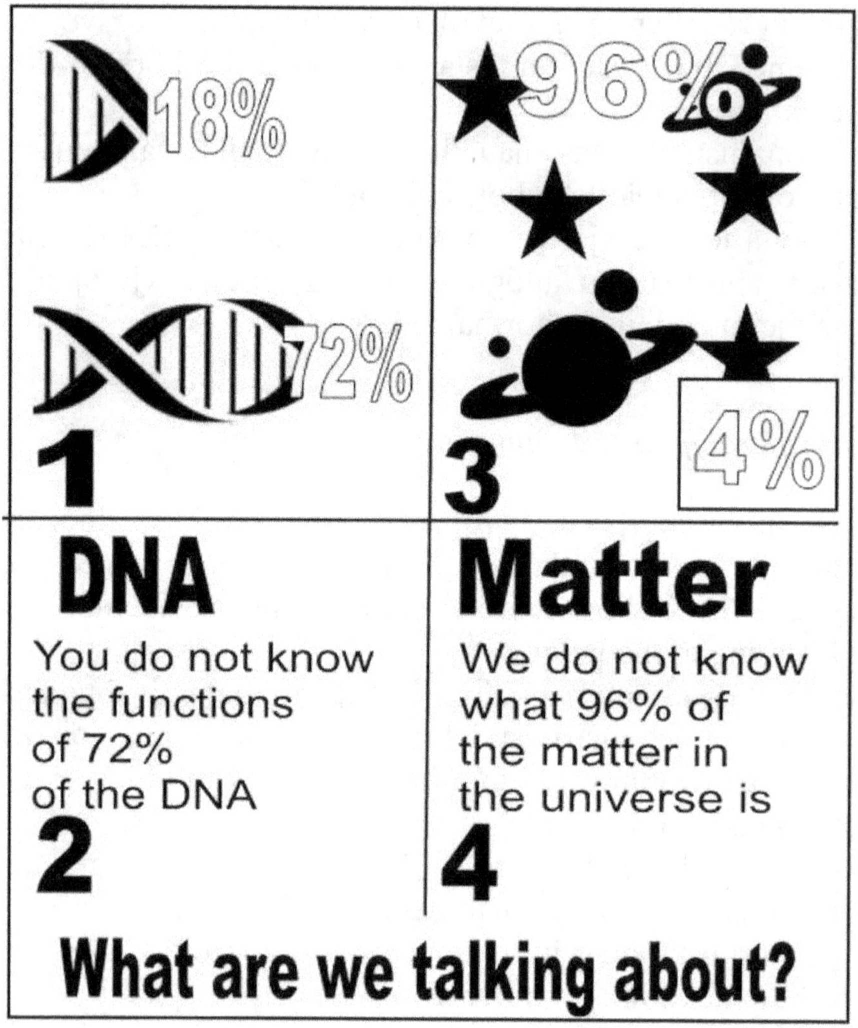


*Slika 3. Naše znanje o svijetu u kojem živimo još je uvijek ograničeno da se vrlo malo može reći i ništa ne može poreći.*

*1-2. 72% DNA ima nepoznatu funkciju.*

*3-4. Gotovo cijeli svemir sastoji se od "tamne materije".*

Pacijent je bio mladi student koji se pokazao bez mozga. Nije imao mozga. Unatoč tome, dječak je imao IQ od 125. Ova je vrijednost zasigurno iznad prosjeka. Zapravo je mladić uspio diplomirati matematiku s izvrsnim ocjenama.

(Izvor: R. Lewin, "Je li vaš mozak stvarno potreban?", Science 210, 1232–1234, 1980.)

Poznati su mnogi drugi slučajevi pojedinaca koji usprkos ozbiljnim oštećenjima mozga uspiju voditi prilično normalan život.

Primjerice, dobro je poznat slučaj Michelle, mlade žene iz Virginije, rođene bez lijeve polovice mozga. Ovaj slučaj proučio je i dokumentirao Jordan Grafman, direktor "Jedinice za kognitivnu neuroznanost Bethesda".

CICAP na svojoj web stranici objavljuje članak u kojem se navodi da su Michelleinu priču tjednici i novine prenijeli kao dokaz postojanja neuronske plastičnosti ili neurogeneze. Prema članku CICAP-a, to je besmislica; neuronska plastičnost nema nikakve veze s Michelleinom pričom. Ova priča samo pokazuje prilagodljivost mladog mozga okolini.

Bit će to prilagodljivost, činjenica je da Michelle jako dobro živi sa samo pola mozga.

*96% svemira nije moguće pronaći.*

Oni koji prate razvoj astronomskih istraživanja već znaju nevjerojatnu činjenicu. Kad se vjerovalo da je sada sve poznato, otkriveno je da je oko 96% svemira sastavljeno od "tamne materije". Ovo je tvar o kojoj ne znamo apsolutno ništa. Znamo samo da postoji.

Ovaj materijal nije vidljiv, nije mjerljiv, ali znamo da ga ima. Da ga nema, svemir ne bi mogao funkcionirati onako kako funkcionira, na temelju zakona gravitacije.

Do sada su se otkrića svemira temeljila na predviđanjima, koja su se kasnije pokazala točnim. Na primjer, predviđalo se postojanje neutrina i Higgsovog bozona. Ta su se predviđanja potvrdila.

Danas se predviđa postojanje dijela svemira koji je jednak 96%, a naziva se "tamnom materijom" upravo zato što je nevidljiv i nije mjerljiv. Čekamo da znamo hoće li i ovo predviđanje biti točno ili će svemir tako funkcionirati iz nekog drugog razloga.

Vrati mi se na pamet izjava lorda Kelvina, jednog od najeminentnijih fizičara svog doba. 1900. godine, kad se činilo da Newtonova mehanika i elektromagnetizam objašnjavaju svu fizičku stvarnost, rekao je:

> *„U znanosti ništa novo ne možemo otkriti: možemo izvršiti samo preciznija mjerenja.“ Vjerojatno, međutim, u njegovo vrijeme nije otkriveno niti 1% stvarnosti.*

# Dio 2. Duša svijeta.

*"I simply believe that some part of the human Self or Soul is not subject to the laws of space and time."*
*(Carl Gustav Jung)*

*"Jednostavno sam uvjeren da dio čovjekova" Ja "ili Duše nije podložan zakonima prostora i vremena."*
*(Carl Gustav Jung)*

Svijest da su "sve stvari jedno".

Od početka postojanja, čovjekova je misao fascinirana i uključena u koncept da je stvaranje sve međusobno povezano cjelokupnom vezom. Nije pitanje veze koja se odnosi na materiju. To je psihička karika, koja je iznad materije.

Poganstvo i prve animističke religije vjerovale su da svaka stvarnost, čak i najjednostavnija, sadrži duhovnu prisutnost, često povezanu s "Dušom stvaranja".

*Platon i "Anima mundi".*

Među prvima koji su govorili o univerzalnoj duši bio je Platon, grčki filozof koji je živio između 428. i 340. pr. koji je taj pojam izgovorio u "Timeju", uzimajući ga iz drevnijih orijentalnih tradicija. Platon piše ovako:

> “Wherefore, using the language of probability, we may say that the world became a living creature truly endowed with soul and intelligence by the providence of God”. (Plato, Timaeus, chapter VI, 30b-30c)

> *„Stoga, prema vjerojatnoj tezi, mora se reći da je ovaj svijet rođen kao živo biće koje je uistinu obdareno dušom i inteligencijom zahvaljujući*

*božanskoj dobrohotnosti" (Platon, Timaj, pogl. VI, 30b-30c).*

Platon je također imao problema s materijalizmom koji je u to vrijeme zastupao drugi filozof, Demokrit. Demokrit je živio od 460. do 370. pr. Zagovarao je tezu o atomizmu. Ova teza predstavlja prvi oblik mišljenja prema kojem materija čini jedinu supstancu i jedini uzrok stvari.

Kršćanski filozof Plotin živio je u trećem stoljeću. Poziva se na Platonovu misao kada u svom djelu "Enneidi" piše kako slijedi:

"This universe is a unique animal that contains in itself all the animals, having only one Soul in all its parts".
(Plotinus, The Enneads IV, 4, 32)

*„Ovaj svemir je jedinstvena životinja koja u sebi sadrži sve životinje. Zapravo, svemir ima samo jednu Dušu u svim svojim dijelovima "(Plotin, Enneadi IV, 4,32)*

Kasnije tijekom vremena možemo razlikovati zapadnjačku i istočnjačku misao.

*"Anima mundi" prema zapadnjačkoj misli.*

William of Conches, francuski skolastički filozof dvanaestog stoljeća, tumačeći misao kršćanstva s kojom je vezan, govori o "Duši svijeta" ovim izrazima:

> The Soul of the World is a natural energy beings for which some have only the ability to move, the other to grow, others to perceive through the senses, others to judge. The question is ... what is that energy. But, as it seems to me natural that energy is the Holy Spirit, which is a benign and divine harmony that is that from which all realities have to be, to move, to grow, the feeling, the experience, the judge."

> *„Duša svijeta je prirodna energija stvorenja. Zahvaljujući toj energiji neka stvorenja imaju sposobnost kretanja, druga da rastu, treća percipiraju putem osjetila, treća donose prosudbe. [...]*
> *Željeli bismo znati koja je to energija. Naravno, ta prirodna energija je Duh Sveti. Ova energija je božanska i dobroćudna. Sve stvari mogu postojati, rasti, kretati se, osjećati, živjeti, prosuđivati zahvaljujući ovoj energiji "*

U 16. stoljeću koncept "Duše svijeta" podržao je Giordano Bruno. Ovaj je filozof zamišljao Boga toliko prisutnog u prirodi da je mogao reći da je sama priroda Bog.

Čak je i filozof Tommaso Campanella tvrdio da svi elementi postojeće stvarnosti imaju svijest.

*"Anima mundi" u istočnjačkoj misli.*

Paralelno s tipičnim oblicima Zapada, koncept "Duše svijeta" razvio se i na Istoku, u religijama poput hinduizma, budizma i taoizma.

Čak i u istočnim religijama ili filozofijama prevladava ideja da je svemir oživljen unitarnom i kompaktnom silom.

U Kini je ta sila Tao, to je aktivnost koja dovodi kozmički dualizam koji predstavljaju "jin i jang" do jedinstva.

U poznatom tekstu "Tao Te Ching" majstor Lao Tse opisuje Tao ovim stihovima:

There was something undefined and complete, coming into existence before Heaven and Earth.
How still it was and formless,
standing alone, and undergoing no change, reaching everywhere and in no danger. It may be regarded as the Mother of all things.
I do not know its name, and I give it the designation of the Dao. Making an effort to give it a name I
call it The Great.

*Postoji nešto što je neselektivno savršeno.*
*To postoji prije rođenja neba i zemlje.*
*Kako je miran! A kako je prazan!*
*Nezavisan je i nepromjenjiv.*
*Tao bez prepreka luta u krugovima.*
*Tao možemo smatrati majkom svijeta.*
*Ne znate mu ime.*
*Ja to zovem "Tao".*
*Ja to zovem "Što je super".*

*Međutim, ovo ime nije dovoljno da izrazi njegovu veličinu.*

Carl Jung komentira ove stihove "Tao Te Ching" u svom eseju o "sinkronicitetu". U citatu Jung se poziva na učenjaka Richarda Wilhelma. Wilhelm prevodi Tao kao "značenje stvari".
Dakle, Tao predstavlja značenje stvarnosti svemira.
Slično tome, događaji "sinkroniciteta" imaju smisla samo kada osoba koja doživljava taj događaj pripiše značenje nizu nepovezanih činjenica.
"Značenje" koje je opisao Jung nema fizičku prirodu. To je isključivo intuicija psihe.
"Tao te Ching" također sadrži ove stihove:

"The Tao (meaning) causes things
In a misty, indistinct manner.
So indistinct, so foggy
Images are in him,
so foggy, so indistinct
things are in him ...
....
You look for it with your eyes and you don't see it,
this means, expressed with a name: what is aerial.
He strains his ear and does not hear it,
this means, expressed by a name: the subtle
He holds out his hand and does not grasp it,
this means, with a name: the incorporeal.
...
It means form without form,
the image without a thing.
It means the nebulous-vanished,
you go towards him and you can't see his face,
if you follow it you can't see its back."

*Tao (što znači) generira događaje.*

*Rađa ih na maglovit, nejasan način.*
*Kako su nejasne, kako su maglovite mentalne slike viđene kroz Tao!*
*Kako su nejasne, kako su maglovite materijalne stvari koje se vide kroz Tao!*
...
*Tao tražite očima, a ne vidite ga.*
*Ime mu je "eterično".*
*Napinješ uho da čuješ Tao, a ne čuješ ga.*
*Ime mu je "tanko".*
*Tražite Tao rukom i ne hvatate ga,*
*Njegovo je ime "lišeno materijalnog tijela".*
...
*Tao znači "oblik bez oblika".*
*Tao znači "stvar bez materije".*
*Tao znači "maglovito nestao".*
*Ako odete do Taoa, nećete vidjeti njegovo lice.*
*Ako ga slijedite, ne vidite mu leđa.*

Za hinduizam i budizam "Duša svijeta" je "'mantman". Ovo je načelo "Ja, nešto individualno i unutarnje. Ovo osobno i unutarnje načelo neraskidivo je sjedinjeno s Brahmanom, univerzalnim i vanjskim principom.

Čudo se događa u "Baptističkoj crkvi zapadne strane".

Hladne večeri u srijedu, 1. ožujka 1950., kao i obično, trebali su se sastati članovi zbora baptističke crkve West Side, smještenog na 488 West Courtu u gradu Beatrice u Nebraski.

Probe pjevačkog zbora trebale su započeti u 19.30. Obično nitko od petnaest pjevača nije stigao kasno, iz poštovanja prema drugima. Štoviše, obveza je izvršena s odgovornošću pozvanih na službu u slavu Božju.

Tri minute prije početka, točno u 19.27 sati, kada je voditelj zbora obično bio spreman na podiju s palicom u ruci, crkva je eksplodirala. Komadi zidova i krova, namještaj, stolice i svaki drugi dio sobe bacani su unaokolo na desetke metara. Uzrok, koji je kasnije utvrdila vatrogasna postrojba, bila je eksplozija plina.

Nevjerojatnom slučajnošću spašeno je svih petnaest pjevača, jer baš te večeri nitko nije stigao na vrijeme. Pastor, velečasni Walter Kiempel, njegova supruga i kćer Marilyn Ruth u posljednji su trenutak shvatili da haljina njihove kćeri ima mrlju i da je izgubio vrijeme jer je drugu haljinu trebalo ispeglati.

Herb Kipf, službenik, morao je hitno dostaviti pismo upravi svoje tvrtke, a zatim ga je poslao u poštanski sandučić kako bi ga poslao sljedećeg jutra. Posljedično tome i njegova tetka, Esther Stuermer stigla je kasno s njim.

BEATRICE DAILY SUN

on Still
s Gloomy
r Picture

Gas Is Blamed For Church Explosion

Find 2 Leaks In Main Not Very Distant

Gas May Have Followed Pipe Through Frozen Ground

Legal Snarls Signing Of C

Contract May Not Be
Lewis Meets With

Happy Miners Toast Lewis; Rarin' To Go

Coal Diggers Elated Over Chance To Get Back To Work

*Slika 4. Naslovnica Beatrice Daily Sun s vijestima o eksploziji.*

*Slika 5. Zgrada baptističke crkve West Side nakon eksplozije 1. ožujka 1950.*

Dorothy Wood, mlada studentica, bila je zauzeta brigom za svog bolesnog oca i zato je imala problema koji su uzrokovali kašnjenje. Budući da nije živjela daleko od crkve, putovala je uvijek pješice sa svojom susjedom Lucille Jones koja ju je, ne vidjevši je kako dolazi, čekala.

Gospođa Paul, ravnateljica zbora, morala je pomoći sinu oko zadatka. Kao rezultat toga, i ona i njezina kći Marilyn stigle su kasno. Harvey Ahl također je kasnio čuvati djecu. Ladona Vandergrift, Royena Estes i Sadle Esh, koji su putovali istim automobilom, imali su mehaničkih problema.

Joyce Black isprva je odlučio da neće izlaziti te večeri zbog hladnoće, ali onda je izašao. Međutim, zbog neodlučnosti stigao je kasno.

Napokon, Leonard Schuster pomogao je majci da se pripremi za misionarski sastanak i nije shvatio da kasni.

Zahvaljujući nizu okolnosti, niti jedan od 15 članova zbora nije pretrpio štetu od eksplozije. Može li se slučajnost objasniti ovim nevjerojatnim lancem slučajnosti? Doista, svih tih "neobičnih kašnjenja" sigurno je previše.

Prema Carlu Gustavu Jungu, kada se slučajnosti tako ponove, one mogu imati smisla za one koji žive u toj situaciji. Prema Jungu, niz neobičnih činjenica može postati "značajan".

Proučavanje takozvanih "značajnih" slučajnosti omogućilo je Jungu da razvije "teoriju sinhronosti".

Pojam "sinkronizacija Carla Junga" označava vezu između dva ili više događaja koji se događaju bez ikakvog zajedničkog uzroka. Događaji se moraju dogoditi neovisno. Nijedan od događaja ne smije biti posljedica drugog događaja. Nijedan događaj ne smije utjecati na drugi događaj u seriji. Nadalje, događaji koji čine "Jungovsku sinkronicitet" moraju se dogoditi u bilo kojem vremenskom razdoblju. Međutim, oni moraju biti povezani jedni s drugima prema kriteriju razumnosti, čak i ako su vremenski udaljeni.

Zapravo ne postoji uzročno-posljedična veza između kašnjenja pjevača i eksplozije crkve: eksplozija ne može biti uzrok kašnjenja. Zapravo, dogodilo se to kasnije. Slično tome, kašnjenja nisu uzrok eksplozije.

Važno je zapamtiti da je zbroj svih kašnjenja postao razlog za spas za petnaest ljudi. Zahvaljujući tome možemo vjerovati da ovaj događaj ima posebne karakteristike.

U našoj fizičkoj stvarnosti nitko nije mogao znati da će crkva eksplodirati. Ali možda je na drugoj razini stvarnosti stvar bila poznata. Na ovoj razini, vrijeme i prostor ne postoje, sve je već poznato.

U razini bez prošlosti i budućnosti, svijest o opasnosti i pojava iste opasnosti prisutni su istovremeno i vječno.

Kad bi ljudska svijest mogla putovati na ovu razinu, svaka opasnost bila bi unaprijed poznata. Stoga bi se mogla izbjeći svaka opasnost. Nažalost, nismo u mogućnosti to putovanje. Međutim, ponekad informacije preuzmu vodeću ulogu i dođu nas potražiti. Informacije dolaze tajanstveno. Odjednom, "znamo". U tim slučajevima možemo znati stvari koje dolaze iz nepoznate mudrosti.

# Treći dio. Sinkronicitet Carla Junga.

*"Life is a game in reverse. The truth is that all our situations or circumstances have their beginning in our mind. Our idea of who we are create what we become. The great news is that you can change your ideas and change your life. " (Carl Gustav Jung)*

*"Život je igra koja djeluje unatrag. Istina je da sve situacije ili okolnosti u koje smo uključeni imaju svoj početak u našem umu. Naša ideja o tome tko smo mi stvara ono što postajemo. Sjajna vijest je da možete promijeniti uvjerenja o sebi, tako da možete promijeniti svoj život. " (Carl Gustav Jung)*

Carl Gustav Jung. Sinkronicitet i kolektivna podsvijest.

Metoda za definiranje "Duše svijeta" na znanstveniji način je poistovjećivanje s teorijom koja se naziva "kolektivna podsvijest". Ovu je teoriju razvio Carl Jung, proslavljeni psihoanalitičar, psihijatar i antropolog, rođen u Kesswilu u Švicarskoj 26. srpnja 1875. godine.

Kolektivno nesvjesno predstavlja spremnik "ideja", koje upravljaju "iskonskim psihičkim konceptima" ili arhetipovima. To je poput više svijesti, na koju su povezane sve pojedinačne svijesti, tako da se njezini sadržaji mogu dijeliti. (Vidi sliku 6)

"Iskonski psihički pojmovi" sadržani u kolektivnom nesvjesnom oblici su i simboli koji se očituju u svih naroda svih kultura. Svi možemo imati koristi od sadržaja kolektivne podsvijesti.

Jung gradi teoriju kolektivne podsvijesti polazeći od ispitivanja neobičnih slučajnosti koje utječu na sve ljude.

Kad se te slučajnosti očituju na toliko značajan način da se ne mogu smatrati pukim plodom slučaja, postaju sinkroniciteti. Sinkroniciteti dolaze iz kolektivne podsvijesti.

Značajnije slučajnosti više se ne mogu smatrati rezultatom slučajnosti, ali im je potrebna viša razina svijesti kako bi se mogle objasniti.

Prema teoriji koju je razvio Jung, ljudska se psiha može podijeliti u tri različita sloja: svjesna, individualna podsvijest i kolektivna podsvijest. Svjesna razina sadrži sve predodžbe kojih je netko potpuno svjestan.

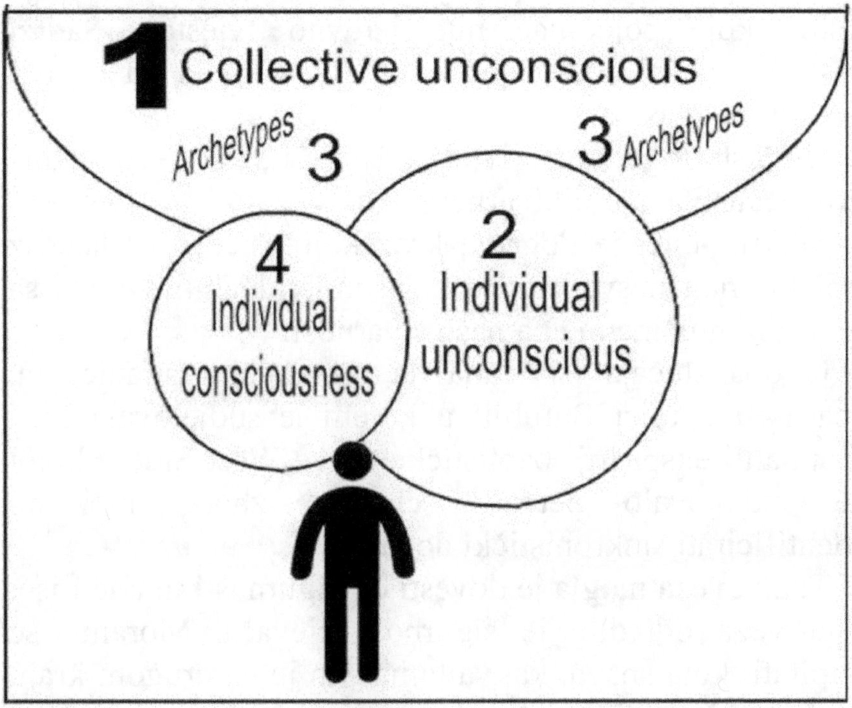


*Slika 6. Prema Jungu, ljudska se psiha može podijeliti u tri sloja: svijest, pojedinačno nesvjesno i kolektivno nesvjesno.*
*1 Kolektivna podsvijest. čitavog čovječanstva.*
*2 Podsvijest svakog pojedinca.*
*3 Arhetipovi prisutni u kolektivnoj podsvijesti.*
*4 Osobna savjest.*

Svaki pojedinac ima nesvjesni dio. To je ona dimenzija psihe koje pojedinac nije izravno svjestan. Sadrži instinkte, misli, osjećaje, modele ponašanja na osnovi nečijih postupaka.

Umjesto toga, kolektivna podsvijest sadrži svo znanje čovječanstva, u obliku arhetipova.

Sinkronicitet je događaj kroz koji arhetipi prelaze iz kolektivnog nesvjesnog u našu individualnu svijest, sa značajnim učincima na našu stvarnost.

U oba slučaja ispričana na prethodnim stranicama, masakru u ulici Baruhill u kojem je sudjelovala Lisa Gannan i eksploziji baptističke crkve West Side u kojoj je sudjelovalo petnaest članova zbora, možemo identificirati sinkronistički događaj.

Tanka veza mogla je dovesti do sigurnosti mlade Lise. Ista veza odredila je sigurnost pjevača. Moramo se zapitati: koja snaga, kakva tajna, što je na drugom kraju tanke spojne niti?

Dopušta li nam sadržaj tih slučajeva doista da ih identificiramo kao sinkronističke epizode? Pokušajmo detaljno ispitati ta dva događaja kako bismo vidjeli kako se oni transformiraju iz jednostavnih slučajnih slučajnosti u sinkronicitet.

*Sinkronicitet u događaju u ulici Baruhill.*

Nekoliko dana prije masakra, Lisa Gannan napisala je nekoliko uznemirujućih stihova, u kontrastu s njezinim vedrim i sunčanim temperamentom.

Srednjoškolska profesorica čita stihove i pita Lisu zašto je tako tužna. Lisa odgovara da ne zna, stihovi su joj došli spontano.

Epizoda se može smatrati trivijalnom slučajnošću. (Vidi sliku 7)

Nešto kasnije dogodi se masakr u kojem Lisa gubi život. Ne postoji veza između masakra i pisanja tužnih redova. Pokolj je samo vijest, jednaka svima onima koji se svakodnevno događaju u svijetu. (Vidi sliku 8)

Ako svaku od dvije činjenice razmotrimo pojedinačno, možemo vidjeti da one nemaju nikakve međusobne veze. Nijedan događaj nije bio uzrok drugog.

Pokušajmo, međutim, zajedno razmotriti te dvije epizode.

Pokušajmo dvjema činjenicama dati "značenje" koje ih povezuje.

Ako su dvije epizode povezane "smislom", više nisu trivijalne, ali postaju značajne. (Vidi sliku 9)

Povezane činjenice, kao na slici, predstavljaju sinkronicitet. Na slici 10 možemo vidjeti kako se gradi sinkronicitet.

Međutim, mi sumnjamo. Lisu su upozorili na predstojeću opasnost. Možemo se zapitati zašto ostale žrtve nisu upozorene.

| | | |
|---|---|---|
|  7 | Lisa Gannan writes unusually sad verses that evoke death | It is a trivial causality, due to a moment of "black humor" |

| | | |
|---|---|---|
|  8 | Malcom Baker enters the house of Thomas Gannan and kills six people | A case of Black chronicle how so many happen |

| | | |
|---|---|---|
|  9 | Lisa Gannan writes unusually sad verses that evoke death | According to what will happen shortly, we consider the fact as a premonition |
|  | Malcom Baker enters the house of Thomas Gannan and kills six people | This event confirms Lisa Gannan's premonition |

*Slika 7 Lisa Gannan piše neobično tužne redove o smrti. To je možda zbog trenutka negativnog raspoloženja.*

*Lisa piše stihove, kao nekad. Ovo se ne bi trebalo činiti neobičnim. Jedina je neobičnost što se koristi posebno pesimističnim riječima i pojmovima.*

*Slika 8. Malcolm Baker ulazi u dom Thomasa Gannana i ubija šest osoba.*

*Ovo je običan slučaj kriminalnih vijesti. Događa se mnogo sličnih slučajeva. Pokolj koji je izazvao Malcom Baker, a tijekom kojeg ubija i vlastitog sina, dio je krimića.*

*Slika 9 U svjetlu onoga što će se uskoro dogoditi, ovu činjenicu smatramo vizijom budućnosti. Malcolm Baker ulazi u kuću Thomasa Gannana i ubija šestero ljudi.*

*Ovo je običan slučaj kriminalnih vijesti. Događa se mnogo sličnih slučajeva. Pokolj koji je izazvao Malcom Baker dio je kaznene prijave.*

*Međutim, masakr potvrđuje negativan stav Lise Gannan. Ako zajedno uzmemo u obzir dvije činjenice, Lisaina pjesma postaje predviđanje budućnosti. Pokolj predstavlja potvrdu Lisinog predviđanja.*

Zapravo znamo da je Lisa napisala tragičnu pjesmu samo zahvaljujući svjedočenju učitelja koji je tu pjesmu pročitao. Inače nikada ne bismo znali za ovu okolnost. Sama Lisa svojoj poeziji nije pridavala nikakav značaj.

Nažalost, trag koji je Lisa dobila bio je prolazan i mogao bi se rastopiti u njenom sjećanju.

Ako je tako, možemo pretpostaviti da su i ostale žrtve masakra mogle dobiti upozorenja. Međutim, ta upozorenja nisu uzeta u obzir.

Ispitajmo sliku 10. Ona predstavlja hipotezu koja se odnosi na teoriju koju je razradio Carl Jung. Očito se radi o pojednostavljenoj rekonstrukciji. Ova je rekonstrukcija usmjerena na razumijevanje uključenosti različitih slojeva svijesti.

Točka 1. Osobna podsvijest Malcolma Bakera "nabubri" ubojitom namjerom. Možda ga Malcolm, u svom svjesnom dijelu, još ne opaža. Međutim, u podsvijesti, koja je sjedište iskonskih instinkta i osjećaja, jača volja za ubijanjem. To stvara "polje napetosti" koje narušava sklad njegove psihe.

Točka 2. Napetost raste do kolektivne podsvijesti i uzbuđuje

"iskonski psihički koncept ili" arhetip "ubojstva.

Točka 3. Uzbuđenje stvara "polje patnje" između arhetipa ubojstva i arhetipa "straha od smrti". Potonji generira "energetsko polje". Iz "energetskog polja" dolaze informacije koje prenose alarm u Lisinu osobnu podsvijest.

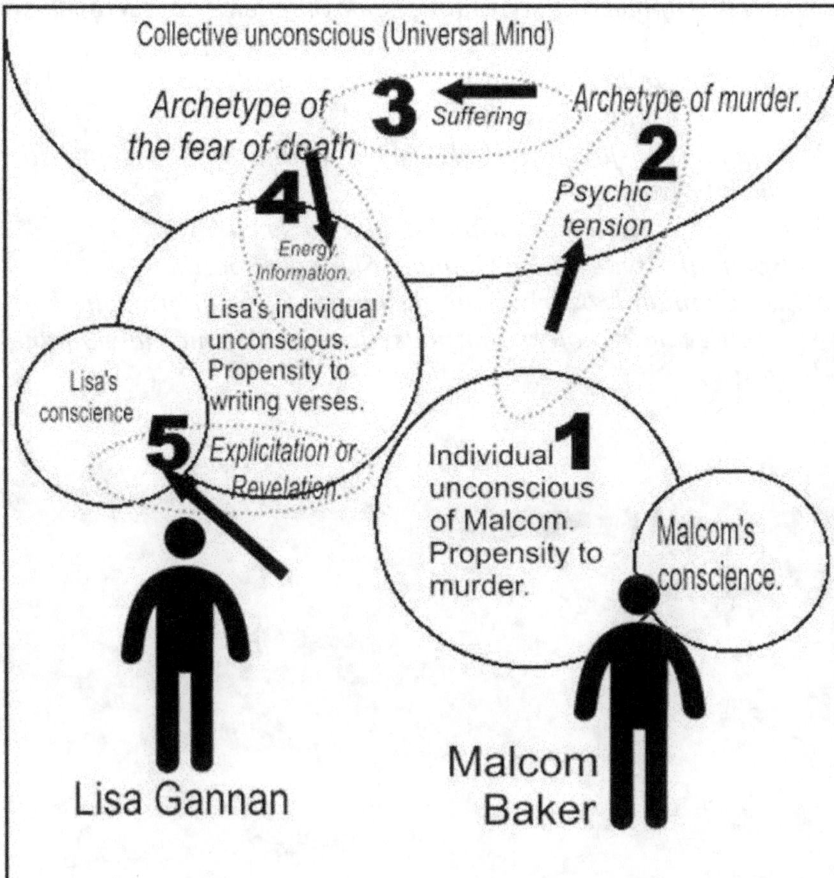


Hypothesis on the formation of synchronicity in the case of Lisa Gannan.

*Slika 10. Hipoteza o stvaranju "sinkroniciteta" u slučaju Lise Gannan.*

*1 Savjest Malcolma Bakera. Osobna podsvijest Malcolma Bakera. Sklonost ubojstvu.*

*2 Napetost se javlja u "iskonskom psihičkom konceptu ili" arhetipu "ubojstva.*

*3 "Patnja" se rađa u arhetipu "straha od smrti".*

*4 Osobna podsvijest Lise Gannan. Sklonost poeziji.*

*5 Lisa Gannan kroz tragičnu pjesmu izražava informacije koje su se prelijevale iz kolektivne podsvijesti u njezinu individualnu podsvijest.*

Točka 4. Lisina osobna podsvijest obrađuje informacije alatima koje posjeduje. Cilj je učiniti informacije razumljivima, što je više moguće, za Lisinu svijest. Jedno od alata prisutnih u Lisinoj podsvijesti je sklonost pisanju poetskih stihova. Informacije primljene od kolektivne podsvijesti obrađuju se pomoću ovog alata.

Točka 5. Pisanjem stihova informacije koje dolaze iz kolektivne podsvijesti postaju eksplicitne savjesti mlade Lise. Nažalost, Lisa ne shvaća tragično značenje onoga što je napisala. Napominje samo da su se crte "rodile u njegovom umu".

*"Polja psihičke sile" i modificirana stvarnost.*

Važno je napomenuti da smo izraz "polje" nekoliko puta upotrebljavali za označavanje "polja napetosti", "polja patnje" i "informacijskog polja". U sljedećim ćemo se poglavljima opsežno vratiti konceptu "polja".

Druga važna stvar je ono što možemo nazvati "preobražavajućom akcijom". To je promjena koju je Lisin temperament donio događaj sinkroniciteta. Djevojčica sunčanog i radosnog raspoloženja, napisala je duboko tužne stihove. Epizode sinkroniciteta mogu generirati "transformaciju", jer "polje sile" koje dolazi iz kolektivne podsvijesti sadrži i informacije i energiju.

*Sinkronicitet u slučaju pjevača zbora koje je spasila crkvena eksplozija.*

U slučaju eksplozije baptističke crkve na zapadnoj strani, sinkronicitet je generirao mnogo očitiju transformaciju. Zapravo je u ovom slučaju sinkronicitet "fizički" transformirao stvarnost. Zapravo su se dogodili nepredviđeni događaji koji su uzrokovali kašnjenja u dolasku petnaest pjevača. .

Također u ovom slučaju, ako pojedinačno ispitamo razloge kašnjenja, možemo vidjeti da su to trivijalni slučajevi. Svi su slični onima koji bi se mogli dogoditi bilo kome. Slika 12 prikazuje neke od njih.

Ta kašnjenja nemaju nikakve veze s eksplozijom koja će se dogoditi tek kasnije. Na slici 11. eksplozija crkve predstavljena je sama po sebi, bez ikakve uzročne veze sa kašnjenjima glazbenika.

| | | |
|---|---|---|
|  | At 7.30 pm the singing tests must begin. At 7.27 the church explodes. | It is a trivial accident due to a gas leak. |

*Slika 11. Početak zborskih pjevačkih proba predviđen je za 19.30. Međutim, u 19.27 sati crkva eksplodira. Ovo je trivijalna nesreća zbog curenja plina. Dakle, eksplozija nije ništa drugo do očita posljedica tehničke nesreće.*

| | | |
|---|---|---|
| 1 | Pastor Walter Kiempel, his wife and daughter are delayed to iron a dress. | It's a simple delay as it can happen at all. |
| 2 | Harvey Ahl delays because he has to look after his two children. | It's a simple delay as it can happen at all. |
| 3 | Ladona Vandergrift, Royena Estes and Sadle Esh are delayed due to car problems. | It's a simple delay as it can happen at all. |
| 4 | Joyce Black delays because is afraid of Cold | It's a simple delay as it can happen at all. |
| 5 | All the other Choristas...... delay for trivial randomness | |

*Slika 12. Slika prikazuje neka odlaganja glazbenika. Svako kašnjenje, razmatrano pojedinačno, može se smatrati trivijalnom slučajnošću.*

*1 Pastor Walter Kempel dolazi kasno, jer njegova supruga želi glačati haljinu.*

*2 Harvey Ahl stiže kasno jer mora čuvati svoje dvoje djece.*

*3 Ladona Vandergrift i njezini prijatelji dolaze kasno jer njihov automobil ima mehaničke probleme.*

*4 Joyce Black stiže kasno zbog hladne vanjske temperature.*

*5 Svi glazbenici odgađaju iz trivijalnih razloga.*

| | | |
|---|---|---|
| | Pastor Walter Kiempel, wife and daughter slow down. | Since all delay it is a SIGNIFICANT COINCIDENCE |
| | Harvey Ahl delays. | Since all delay it is a SIGNIFICANT COINCIDENCE |
| | Ladona Vandergrift, Royena Estes and Sadle Esh delay. | Since all delay it is a SIGNIFICANT COINCIDENCE |
| | Joyce Black delays. | Since all delay it is a SIGNIFICANT COINCIDENCE |
| | Herb Kipf and Aunt Ester delay. | Since all delay it is a SIGNIFICANT COINCIDENCE |
| | Dorothy Wood and Lucille Jones delay. | Since all delay it is a SIGNIFICANT COINCIDENCE |
| | Leonard Schuster delays. | Since all delay it is a SIGNIFICANT COINCIDENCE |
| | Mrs. Paul and her daughter Marylin are delaying. | Since all delay it is a SIGNIFICANT COINCIDENCE |
|  | At 7.30 pm singing rehearsals must begin. At 7.27 pm a church explodes. | All these coincidences indicate that a synchronicity has occurred. |

*Slika 13 Pjevačke probe sazivaju se u 19.30. U 19.27 crkva eksplodira.*

*Svi glazbenici stižu kasno. Kašnjenje SVIH petnaest ljudi apsolutno je izvanredan događaj. Dakle, skup kašnjenja postaje "značajna slučajnost".*

*Značaj slučajnosti proizlazi iz činjenice da su se kašnjenja dogodila zajedno na potpuno neobičan način. Budući da se zbroj kašnjenja dogodio neposredno prije eksplozije i odredio sigurnost petnaest glazbenika, zaključujemo da je to "sinkronizacija Carla Junga"..*

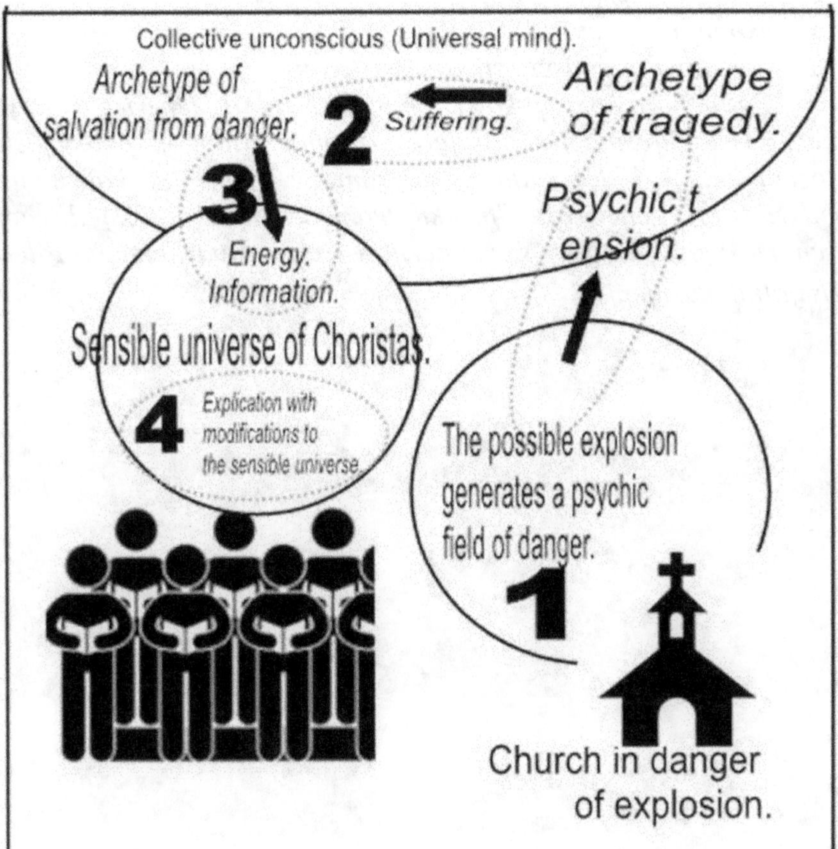


Hypothesis on the formation of synchronicity in the case of the fifteen choristers.

*Slika 14. Pojednostavljena hipoteza o stvaranju sinkronosti u slučaju eksplozije baptističke crkve West Side.*

*1 Crkva će uskoro eksplodirati. Moguća eksplozija stvara "psihičko polje opasnosti".*

*2 U kolektivnoj podsvijesti nastaje "patnja".*

*3 "Patnja" rođena u kolektivnoj podsvijesti generira protok energije i informacija usmjeren prema osobnoj podsvijesti glazbenika. . 4 Energija i informacije struje iz kolektivne podsvijesti i generiraju "fizičku transformaciju" u osjetljivom svemiru pjevača. Sve se materijalizira u stvaranju naizgled trivijalnih kašnjenja.*

Međutim, ako uzmemo u obzir da je svih petnaest pjevača zabilježilo kašnjenje (što je apsolutno neobično, jer su obično svi bili na vrijeme), shvatit ćemo da to više nije jednostavan slučaj.
Podudarnost od petnaest odgoda dogodila se u trenutku kad će crkva eksplodirati, postaje značajna i nesumnjivo otkriva događaj sinkronosti. (Vidi sliku 13)
Također u ovom slučaju na slici 14 možemo rekonstruirati (na potpuno ilustrativan način) odlomke koji objašnjavaju nastanak događaja sinkronosti.

Točka 1. Crkva će uskoro eksplodirati. To generira "polje napetosti" koje uključuje "arhetip tragedije" u kolektivnoj podsvijesti.
U našoj fizičkoj stvarnosti eksplozija se još nije dogodila, ali već je prisutna u nefizičkoj stvarnosti kolektivne podsvijesti. Zapravo, u ovoj psihičkoj stvarnosti ne postoje ograničenja vezana uz vrijeme i prostor.

Točka 2. U kolektivnoj podsvijesti, "arhetip tragedije" generira "polje patnje".

Točka 3. U kolektivnoj podsvijesti postoji "polje sile" koje teče prema fizičkom svemiru petnaest pjevača. Ovo "polje sile" ne sadrži samo informacije, već i energiju. Doista, sva "polja psihičke sile" sadrže energiju i informacije.

Točka 4. "Polje psihičke sile" manifestira se u fizičkom svemiru pjevača, generirajući neke transformacije njihove stvarne situacije. Polje u svakoj osobnoj situaciji izaziva "nesreću" koja generira kašnjenje i modificira večernje događaje.

Nije neobično promatrati ove transformacije fizičkog svemira. Jung te događaje naziva "numinoznim". Termin "numinozni" Jung koristi u značenju "svet, ali ne i religiozan." Ovaj izraz može značiti "okružen svetom aurom", kao što je potaknuti "strah i poštovanje".

Možemo se prisjetiti nekoliko primjera koje je Carl Jung naveo u svojim djelima. Ovi primjeri uključuju fizičku transformaciju stvarnosti koja se događa tijekom epizoda sinkroniciteta.

*Kad se stvarnost fizički promijeni..*

Epizoda nazvana "skarabej" zasigurno je klasik serije koju je Carl Jung citirao u svojim spisima. . U svom eseju "Sinkronicitet kao princip stvarnih veza", objavljenom 1952., Jung opisuje događaj na sljedeći način:

> “A young woman I was treating had, at a critical moment, a dream in which she was given a golden scarab. While she was telling me this dream, I sat with my back to the closed window. Suddenly I heard a noise behind me, like a gentle tapping. I turned round and saw a flying insect knocking against the window-pane from the outside. I opened the window and caught the creature in the air as it flew in. It was the nearest analogy to a golden scarab one finds in our latitudes, a scarabaeid beetle, the common rose-chafer (Cetonia aurata), which, contrary to its usual habits had evidently felt the urge to get into a dark room at this

particular moment. I must admit that nothing like it ever happened to me before or since."

*„Mlada je pacijentica sanjala san u odlučujućem trenutku svog liječenja. U snu je žena na poklon dobila zlatni skarabej. Dok mi je žena pričala ovaj san, sjedio sam leđima zatvorenom prozoru.*
*Odjednom sam začuo zvuk iza sebe, kao da nešto tiho kuca o prozor. Okrenuo sam se i ugledao krilata kukca koji se, izvana, sudario s prozorom.*
*Otvorio sam prozor i uhvatio insekta. Bila je vrlo slična "zlatnoj bubi", ili "Cetonia aurata", običnoj bubi koja živi na biljkama ruže.*
*Očito je u tom trenutku kukac pokušao, suprotno svojim navikama, ući u mračnu sobu. Moram dodati da mi se takav slučaj nikada prije nije dogodio, a nije mi se dogodio ni poslije. Čak se ni ženski san ne ponavlja u mom iskustvu. "*

U ostatku svog eseja Jung objašnjava događaj u psihoterapijskom smislu i opisuje kako se epizoda pokazala učinkovitom za oporavak pacijenta. Zapravo, skarabej je klasični simbol ponovnog rođenja.

Drugom prilikom, u pismu napisanom 1945. godine i upućenom prof. J.B. Rajna iz Durhama, SAD, Carl Jung opisuje sličnu epizodu:

"I'm going to walk in the woods with a patient. She tells me the first dream of her life, a dream that left an indelible impression on her. He had a vision of a fox. He had dreamed of the animal as he walked down the stairs of her parents' house.
At that moment, not even forty meters from us, a fox comes out of the trees and runs for a couple of minutes on the path ahead of us. The animal behaves as if it shared our human condition ... "

*"Idem u šetnju šumom, prateći ženu koja je bila moj pacijent. Ta mi žena govori o prvom snu u životu, budući da je taj san na nju ostavio neizbrisiv dojam. U snu je žena vidjela lisicu kako silazi niz stepenice roditeljske kuće.*
*U tom trenutku, četrdesetak metara ispred nas, iz drveća izlazi lisica koja par minuta mirno trči stazom ispred nas. Životinja se ponaša kao da dijeli naše ljudsko stanje..."*

Moramo si postaviti nekoliko pitanja:
- Je li "Cetonia aurata" bila tamo, spremna da udari u prozorsko staklo, kad je žena govorila o skarabeu viđenom u snu?
- Je li lisica bila tu, spremna izaći pred Junga i njegovog pacijenta, dok je žena pričala svoj san?

U oba slučaja, priča o snu stvorila je "psihičku sinkronicitet" koji je promijenio fizičku stvarnost žene i samog Junga.

Jung i njegovi pacijenti na liječenju sigurno su proživljavali trenutke patetike. Bili su duboko uronjeni u naraciju, a kontekst intervjua pojačan je stvarnom mentalnom patnjom pacijenata.

Ta je situacija, u slučajevima koje je pripovijedao Jung, stvorila "polje napetosti" sposobno da stvori sinhronost.

Što se tiče toga jesu li lisica i Cetonija doista bile prisutne na sceni u pravo vrijeme, možemo razmotriti vrlo smjelu teoriju. Ova teorija drži da je, u oba slučaja, sinkronicitet mogao premjestiti scenu u drugi svemir, odabirući ga između beskonačno mogućih svemira. Još jedan svemir, gdje su lisica i Cetonija zaista bile prisutne.

Sinkronicitet kao transformirajuće sredstvo stvarnosti.

Prema Jungu, sinkronicitet djeluje kroz arhetipove prisutne u kolektivnom nesvjesnom. Ranije smo vidjeli da je Jungova kolektivna nesvijest još jedan način definiranja više psihičke stvarnosti, koja se od davnina nazivala Dušom svijeta. Na ovim smo ga stranicama također definirali kao univerzalni um.

U prilog Jungovoj teoriji možemo vidjeti kako su sve "esencije" koje se mogu referirati na "Dušu svijeta" nositelji transformacije. Svaki odnos čovjeka s "Dušom svijeta" ili kako god ga želite nazvati uključuje promjenu na psihičkoj, a često i na fizičkoj razini..

*Fizička transformacija. Molitva i ozdravljenje.*

Da bih predstavio primjer, svima razumljiv, preobrazbe na fizičkoj razini, mogu se osvrnuti na molitve upućene božanstvima kako bi se izliječilo bolesno. Ili, molitve teže postizanju milosti drugih vrsta, na primjer ekonomskih ili sentimentalnih. Ta praksa često daje iznenađujuće rezultate.

Svako fizičko iscjeljenje može se smatrati sinkronicitetom koji proizlazi iz dviju nepovezanih činjenica u vremenu i prostoru. Dvije su činjenice molitva nekoga, locirana bilo gdje u svemiru, i iscjeljenje nekoga drugog, koji se često nalazi na drugom mjestu na svijetu. Očito je da svako fizičko iscjeljivanje uključuje poboljšanje, često važno, u zdravlju.

Prema teoriji kolektivne podsvijesti, sinkronicitet možemo smatrati "mostom" između želja koje izražavaju pojedinačne savjesti i više razine "Duše svijeta", s koje potom "milosti" silaze.

Očito, za one koji Dušu svijeta poistovjećuju s "Bogom", milosti potječu od Boga, međutim, teologija nas uči da Bog u svojim intervencijama uvijek više voli koristiti prirodna sredstva. Pitanje je korištenja mogućnosti već prisutnih u stvaranju, bez pribjegavanja nadnaravnim sredstvima.

S tim u vezi čitamo odlomak preuzet iz propovijedi pastora Marca deFelicea pod naslovom "Bog čini nemoguće stvari" koji se odnosi na "Djela apostolska". Pastor komentira Petrovo puštanje iz zatvora, gdje je bio zatvoren po Herodovoj naredbi:

> "Suddenly an angel of the Lord appeared and a light shone in the cell. He struck Peter on the side and woke him up. "Quick, get up!" he said, and the chains fell off Peter's wrists" (Acts, 12:7).
> One thing that strikes me about this passage is that the angel tells Peter to hurry. Although God is omnipotent, and can do anything, Peter had to hurry. Certainly, God could have made the guards fall asleep, or even die, giving Peter time to go out calmly. But usually God does not miraculously do what can be done with the natural means that God has already provided".

*"I gle, došao je anđeo Gospodnji i u ćeliji je zasjalo svjetlo. Anđeo je dodirnuo Petrovu stranu, probudio ga i rekao mu:" Ustani brzo! ". I lanci su pali iz Petrovih ruku." (Djela 12,7).*

*Jedna me stvar pogađa u vezi s ovim djelom. Anđeo govori Petru da požuri. Bog je svemogući i može sve, ali Petar mora požuriti. Svakako, ako Bog da, mogao bi uspavati stražare kako bi Peter mogao mirno izaći. Ali obično Bog ne čini čuda kad se nešto može učiniti prirodnim sredstvima koja je Bog već pružio. "*

Napokon, kad se osoba okrene vjeri da zatraži ozdravljenje, svaki ministar vjere savjetuje toj osobi da se prvo posavjetuje s dobrim liječnikom.

Očito je da tjelesna iscjeljenja nisu jedine transformacije fizičke stvarnosti proizvedene događajem sinkroniciteta. Kao što je opisano u mnogim prethodnim slučajevima, nema ograničenja za modifikacije osjetljivog svemira koje sinkronost omogućuje. Među njih svakako možemo uvrstiti sve pojave telekineze, odnosno mentalnog upravljanja čvrstom materijom.

*"Želja" i "namjera".*

Stoga sinkronicitet često predstavlja pomoć za pozitivno rješenje ljudskih potreba. Na primjer, sinkronicitet može ispuniti želju bolesnika za ozdravljenjem.

Preciznija riječ koja izražava koncept "želje" jest "namjera". "Namjera" je koncept koji koristi Jung. U novije vrijeme Deepak Chopra koristi ovaj koncept u svojim knjigama.

Prema Chopri, svaka aktivnost u svemiru generira se namjerom. U vedskoj tradiciji namjera je "prirodna snaga" jer održava u ravnoteži sve elemente i sile koji omogućuju evoluciji svemira.

U četrnaest "Upanisada" Veda, indijski religiozni i filozofski tekstovi sastavljeni na sanskrtu počevši od 9.-8. Stoljeća prije Krista, kažu:

"You are what your deep, driving desire is.
As your desire is,
so is your will.
As your will is,
so is your deed.
As your deed is,
so is your destiny".
*(Brhadaranyaka Upanisad, IV, 4,5)*

*"Ti si ono što je tvoja najdublja želja.*
*Vi ste vaša želja*
*Kakva je vaša želja, takva je i vaša namjera.*
*Kakva vam je namjera, takva je i vaša volja.*
*Kakva je vaša volja, takvi su i vaši postupci.*
*Kakva su vaša djela, takva je i vaša sudbina ".*
*(Brhadaranyaka Upanisad, IV, 4,5)*

Zašto se to uvijek ne dogodi?

Mnogi su u laboratoriju pokušali znanstvenim metodama ispitati fenomen "psihičke sinkronosti", ali uvijek se otkriva da je taj fenomen nedostižan. Laboratorijska potvrda predviđa da se, pod određenim uvjetima, pojava javlja uobičajeno, odnosno može se ponoviti, uz uspješnost veću od predvidivog statističkog prosjeka.

*Slika 15. Statistička procjena rezultata može se dobiti okretanjem novčića. Bacanjem novčića veći broj puta, svaka od dvije strane novčića trebala bi se pojaviti u 50% slučajeva.*

Predlažem primjer. A ako bacim novčić u zrak, rezultat može biti "gore ili dolje". Dakle, bacam novčić u zrak i pokušavam pogoditi rezultat. Naravno, jedan popis nije dovoljan za sastavljanje statistike.

Ako bacim novčić u zrak puno puta, recimo 10 000 puta, statistika mi govori koliko puta mogu pogoditi rezultat. Statistički gledano, mogu pretpostaviti 50% vremena, to je 5000 puta.

Ako, s druge strane, mogu točno predvidjeti rezultat 6000 puta, pretpostavljam da mogu imati neke posebne psihičke sposobnosti. Iz neobjašnjivih razloga rezultate znam unaprijed. Znam ih u mjeri iznad statističkog prosjeka.

Ako vidim rezultate bacanja novčića 9.000 puta od 10.000 puta, prilično sam siguran da imam posebne ovlasti.

Recimo da predvidim rezultat 10 000 puta od 10 000. U ovom će slučaju svi biti sigurni da imam moć predviđanja budućnosti.

Naravno, ortodoksni će znanstvenici reći da postoji kvaka, jer ne postoji mogućnost predviđanja budućnosti na ovaj način..

*Emocionalna uključenost..*

Glavni razlog zašto se "sinkronicitet" ne događa uvijek posljedica je nedostatka preduvjeta.

Ovo se stanje naziva "metež". Potrebno je emocionalno sudjelovanje. Jung navodi da je potrebna komponenta nazvana "Zuneigung".

Epizode "sinkroniciteta" očituju se više u najkritičnijim trenucima našega života. Uobičajeno, naša savjest drži našu psihičku situaciju pod nadzorom. Svjesni dio naše psihe ne želi da naša "individualna podsvijest" preuzme kontrolu nad našom voljom.

Recimo da, normalno, ne želimo skakati u mraku. Stoga naša svijest suzdržava ili filtrira sve impulse iz naše "osobne podsvijesti" i "kolektivne podsvijesti". Obično su ti impulsi simbolični ili iracionalni, a naša ih savjest odbija.

Međutim, ponekad postoje teški trenuci u životu. U tim prilikama smo zbunjeni, često smo šokirani. Te poteškoće oslabljuju sposobnost upravljanja savješću. Kad događaji postanu previše presretni, prepuštamo se sudbini. Jung primjećuje da u tim slučajevima "psihički afekt" prevladava nad "razumom":

> “Each emotional state causes a modification of the conscience, modification which Pierre Janet defined as “abaissement due nivea mentale”: which means that a certain shrinking of the subconscious takes place and at the same time a strenghtening of the conscience, as many profanes in the subject can easily note, especially in the presence of intense beloved ones. The tone of the subconscious increases to a certain measure, which easily provokes a gradient from the subconscious to the conscience. As a consequence, the conscience falls under the influence of impulses and instictive contained contents”.

*“Svako emocionalno stanje uzrokuje modifikaciju svijesti. Pierre Janet nazvao je*

*ovu modifikaciju "abaissement du niveau mental".*
*To znači da postoji određeno sužavanje svijesti, a istovremeno jačanje nesvjesnog. Svatko može prepoznati da se to događa, posebno u prisutnosti intenzivnih "afekata". Slijedom toga, svijest potpada pod vlast instinktivnih podsvjesnih impulsa "*

U potvrdu ove teze Carl Jung citira filozofa Alberta Velikog. U svom djelu "De mirabilibus mundi" Albert Veliki oslanja se na "Naturaliju". U ovom tekstu filozof Avicenna tvrdi da "virtus" postoji u ljudskoj duši. To je svojstvo mijenjanja stvari.

Cijela je osobnost podložna ovom svojstvu, posebno kada osobnost karakterizira višak ljubavi ili mržnje.

"If, therefore, the soul of a man falls prey to a great excess of some passion, it can be established experimentally that it (the excess) magically constrains things and changes them in the direction towards which excess tends. [...] really the emotionality (affectio) of the human soul is the main root of all things.
This happens when, due to its emotional power, it modifies the things to which it tends. This also happens because the inferior things are subject to the soul, because of its dignity. So anyone can magically influence everything, if it falls prey to a great emotional excess. "

*"Ponekad čovjekova duša postane plijen velikog viška strasti. Kad se to dogodi, moguće je eksperimentalno utvrditi da taj višak "naklonosti" magično djeluje na "stvari".*

*Događaji te osobe mijenjaju se u smjeru prema kojem teži višak. [...]*
*Emocionalnost, odnosno "afekcija" ljudske duše glavni je korijen svih stvari. Tko želi znati ovu tajnu, mora znati nešto važno. Mora znati da svatko može utjecati na sve gotovo "čarobno", ako padne u veliki emocionalni višak ..."*

Prije smo se pitali zašto je Lisa Gannan predosjećala, a ostale žrtve nisu. Odgovorili smo da su vjerojatno i ostali dobili signale, ali ih nisu prepoznali.

*Teorija slabog signala.*

Prije smo se pitali zašto je Lisa Gannan predosjećala, a ostale žrtve nisu. Odgovorili smo da su vjerojatno i ostali dobili signale, ali ih nisu prepoznali..
U parapsihologiji se poziva na "teoriju slabih signala". Vjerojatno ne postoji sklad između izvora signala i našeg "psihičkog prijemnog aparata".
Svi znamo da podešavanjem ugađanja radio uređaja možemo primati nepoznate radio stanice. Isto se događa u našoj svijesti. Mogli bismo se povezati s mnogim "informacijskim postajama" kad bismo se znali prilagoditi njihovoj valnoj duljini

# Četvrti dio. Polja sile. Razina nelokalnosti. Psihički kozmos.

*"I know not what I may seem to the world, but as to myself, I seem to have been only like a boy playing on the sea-shore and diverting myself in now and then finding a smoother pebble or a prettier shell than ordinary, whilst the great ocean of truth lay all undiscovered before me".*
*(Isaac Newton, Principia)*

*"Što se mene tiče, osjećam se kao da se igram na plaži. S vremena na vrijeme nađem ljepši kamen ili školjku nego inače. Nažalost, dok se to događa, veliki ocean istine ostaje nepoznat preda mnom."*
*(Isaac Newton, Principia)*

## Materija, um i duh.

Svaka je osoba svjesna života u svijetu koji uvjetuje njezino postojanje. Svaka se osoba, prije ili kasnije, zapita koji je razlog njegove prisutnosti na ovom svijetu. Zašto postojim? Šta radim ovdje? Kako mogu sudjelovati u sjajnoj predstavi, duhovitoj ili tragičnoj, života?

Nije lako odgovoriti na ova pitanja. Možemo odabrati polazište. Jedna metoda sastoji se u konfiguriranju tri razine u kojima se naše postojanje razvija. Pored fizičke razine koju svi znamo, moramo procijeniti i kvantnu razinu i takozvanu "ne-lokalnu" razinu.

### *Fizička razina postojanja.*

Fizička razina je razina čvrste materije. To je tipična razina našeg svakodnevnog iskustva, to jest svijeta kakvog mi vidimo i kako ga doživljavamo svojim osjetilima.

Na fizičkoj razini osjećamo se sigurno, jer sve "stvari" imaju težinu i dimenziju, početak i kraj, prije i poslije. Sve stvari imaju točno mjesto u vremenu i prostoru.

Sve pojave povezane s našim iskustvom dio su fizičke razine. Na primjer, dan i noć, dobro i loše vrijeme, rođenje i smrt svake "stvari", promjena godišnjih doba, fizičke senzacije poput gladi, žeđi, boli i zadovoljstva.

Fizički svijet je "mehanički". U fizičkom svijetu sve ovisi o zakonima "determinizma". Sve se događa s razlogom i proizvodi učinak. Događaji se nižu.

Generirani događaji imaju predvidljivo i mjerljivo ponašanje. Zauzvrat, oni proizvode druge predvidljive i mjerljive događaje.

1977. Sjedinjene Države pokrenule su dvije sonde "Voyager" za istraživanje vanjskog Sunčevog sustava. Svemirska letjelica "Voyager 2" mogla je promatrati Jupiter, Saturn, Uran i Neptun.

Prolazeći pored svakog planeta, sonda je dobila poticaj od gravitacije tog planeta da nastavi put do sljedećeg planeta.

To je bilo zato što su na zemlji znanstvenici točno znali kako izračunati silu gravitacije različitih planeta.

Na taj je način bilo moguće precizno izračunati sile potiska potrebne za nastavak putovanja do sljedećih odredišta.

1950. matematičar Alan Turing u svojoj je knjizi "Računalne mašine i inteligencija" napisao:

"The displacement of a single electron by a billionth of a centimeter at a given moment, it could mean the difference between two very different events, such as the killing of a man a year after, due to an avalanche, or its salvation".

*"Uzmimo u obzir da se u određenom trenutku jedan elektron pomiče za milijardu centimetra. To bi mogla značiti razliku između dva vrlo različita događaja. Primjerice, sljedeća godina mogla bi značiti smrt čovjeka uslijed lavine. Ili, to bi moglo značiti njegovo spasenje."*

Zamislimo stol za bilijar, s nizom lopti za bilijar poredanih na tepih. (Vidi sliku 16). Na našoj fizičkoj razini apsolutno smo sigurni da se nijedna kuglica neće pomaknuti ako je ne gurne drugi čvrsti predmet.

Na slici će lopta B ostati u mirovanju sve dok je ne pogodi lopta A. Znajući snagu i putanju lopte A i težinu ostalih kuglica, možemo s apsolutnom preciznošću izračunati silu kojom će se lopta B kretati.

Znat ćemo duljinu i smjer njegovog puta.

Ovi izračuni ne zahtijevaju moćna računala. Svaki dobar igrač bilijara može izvršiti ove izračune bez ikakve tehnološke podrške. To znači da smo savršeno prilagođeni našem fizičkom svemiru.

1972. godine etolog Edward Lorentz održao je predavanje: "Ako leptir pomakne krila u Brazilu, može li izazvati tornado u Teksasu?"

U današnjem znanstvenom svijetu, gdje se sve može izvagati, izmjeriti i izračunati, odgovor bi bio "da". Pretpostavljamo da je naš svemir sazdan samo od materije i postavljen je u dimenziju u kojoj vrijeme samo teče naprijed. Stoga bismo mogli izračunati snagu teksaškog tornada da imamo dovoljno snažna računala.

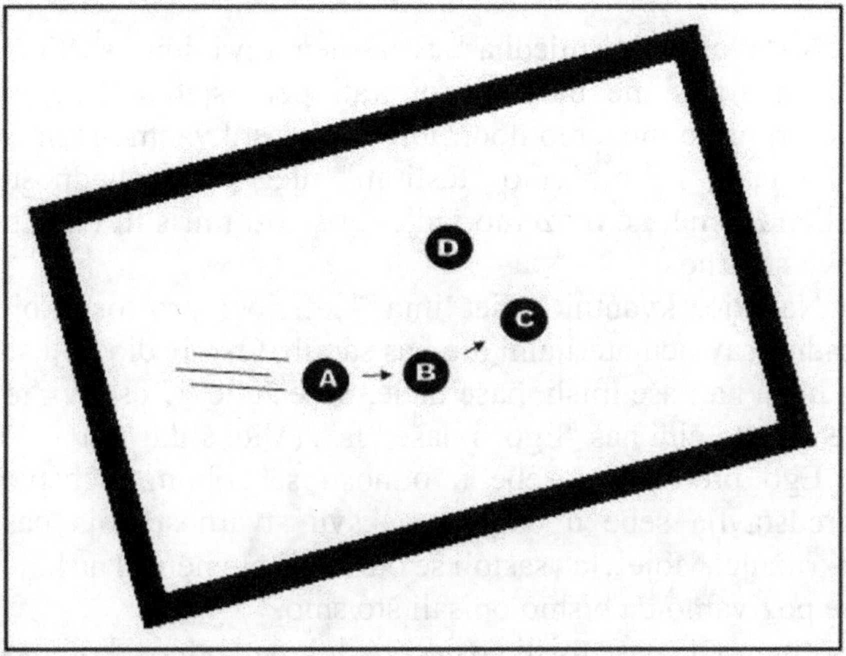


*Slika 16. U biljarskom stolu nijedna se lopta ne pomiče ako na nju ne djeluje sila. Kad se to dogodi, njegova snaga i smjer proporcionalni su potisku koji je dobio.*

*Kvantna razina.*

Na ovoj razini nijedna "stvar" nema prividnu suštinu, tj. Stvarnost ne može percipirati pet osjetila. Svojim dodirom ne možemo dodirnuti stvarnost kvantne razine. Isto tako, ne možemo "testirati" njegovu dosljednost. Slično tome, ne možemo vidjeti, osjetiti miris ili okusiti ovu stvarnost.

Nadalje, kvantni svijet ima "nefizički prostor" koji sadrži sav nematerijalni dio nas samih. Ovo je dio koji se odnosi na naše misli, naše nade, naše želje. U osnovi, to je sve što čini naš "Ego" i naše "Ja". (Vidi sliku 17)

Ego predstavlja sebe u odnosu sa sobom. Sebstvo predstavlja sebe u odnosu na svu stvarnost koja nas okružuje. Moje „Ja" sastoji se od skupa elemenata na koje se pozivamo da bismo opisali što smo.

Znamo da naše misli i osjećaji, duhovni odnosi koji nas vežu za druge i naše ambicije nisu „čvrsti", ne možemo ih držati u prstima.

Unatoč tome, ne sumnjamo da oni postoje. Ipak, čvrsta tvar ne bi mogla "biti" da nije oživljena energijom i informacijama koje sadrže kvantna razina.

U stvari, materija je sama po sebi energija, prema Einsteinovoj jednadžbi $E = mc^2$.

Ova jednadžba pokazuje da je energija jednaka masi pomnoženoj s brzinom svjetlosti na kvadrat.

Uzajamno možemo reći da, kao što je energija masa, masa je energija. Zapravo, sva materija u svemiru dolazi od početnog "Velikog praska", velike eksplozije energije.

*Slika 17. Ego predstavlja našu strogo osobnu sferu. Ego je okrenut prema unutra. Sopstvo, okrenuto prema van, predstavlja cjelinu nas samih, u odnosu na svemir koji nas okružuje.*

*Slika 18. Svaki sustav, od najvećeg do najmanjeg, sastoji se od podsustava. U fizici čestica, odnosno u beskrajno malom, znanost nije sigurna da je dosegla konačnu razinu podjele.*

Budući da vidimo masu, ali ne i energiju, navikli smo vjerovati da je masa važnija. U istini, svemir koji se sastoji samo od mase nije mogao funkcionirati, jer je sama masa inertna.

Kao što smo vidjeli na primjeru biljara, masa (lopta) se može kretati samo ako prima energiju guranja.

Istodobno, možemo reći da je energiji potrebna masa da bi se izrazila. Energiji je potrebna suradnja čvrste tvari da bi pokazala svoj potencijal.

Svemir se kreće od beskrajno velikog do beskrajno malog. Naš osjetljivi svijet sastoji se od materije koja se agregira u vrlo male ili vrlo velike "stvari". Svaki "objekt" predstavlja složeni sustav, sastavljen od podsustava, odnosno manjih "objekata". (Vidi sliku 18).

- Svemir je sustav koji se sastoji od podsustava, galaksija.
- Galaksije se sastoje od zvijezda i planeta.
- Planete se sastoje od stijena, vode, minerala i živih bića.
- Živa bića su sastavljena od organa (kože, kostiju, utrobe itd.).
- Organi su građeni od stanica.
- Stanice su građene od molekula.
- Molekule su građene od atoma.
- Atomi se sastoje od protona, neutrona i elektrona.

Pozitivistička znanost tvrdi da je materija, bez obzira na njezin stupanj agregacije, podložna zakonima fizike. Razni dijelovi materije mogu međusobno komunicirati pomoću fizičkih posrednika koji prenose energiju i informacije. Snaga ovih prijenosnih alata slabi s povećanjem udaljenosti. Nadalje, čvrsta tvar podliježe protoku vremena, koje se samo kreće naprijed.

Kad se čvrsta materija kreće, ona ne može premašiti brzinu svjetlosti. Čak i informacije koje se šire fizičkim posrednicima ne mogu premašiti tu brzinu.

Ako ćelija pošalje informacije drugoj ćeliji, trebat će neko vrijeme da stigne na odredište. Njegova brzina ne može prijeći granicu od 300 000 km u sekundi.

U slučaju objekata manjih od atoma, počevši od elektrona, stvari se mijenjaju.

Razgradnjom atoma pronalazimo "elementarne čestice". Trenutno znamo za dvije vrste.

- "Čestice materije", to su "fermioni". To su kvarkovi, elektroni i neutrini. Svi su opremljeni masom.
- "Čestice sile", tj. Bozoni. Te su čestice nositelji temeljnih sila koje postoje u prirodi.

Bozone možemo podijeliti u dvije skupine:

- Fotoni i gluoni, koji su bez mase.
- W i Z bozoni koji posjeduju masu.

Na razini elementarnih čestica svi su fizički zakoni koji upravljaju čvrstom materijom nevaljani.

Na ovoj razini možemo biti svjedoci vrlo neobičnih ponašanja, kao što ćemo vidjeti kada govorimo o fenomenu nazvanom "kvantna zapletenost".

Zapravo nije čak moguće utvrditi jesu li elementarne čestice stvarno "čestice" ili nisu "vibracije".

Dajmo primjer, zamislimo bacanje kamena u vodu ribnjaka. Kamen je sličan čestici. Valovi koji se stvaraju na vodi su val, odnosno "vibracija". Svjetlost, zvuk i glazba također su primjeri vibracijskih valova.

*Slika 19. Elementarne čestice plešu uz zvuk nerazumljivih zvukova instrumenata.*

Zaključak je jednostavan: knjiga koju čitate osjeća se čvrsto i dosljedno u vašim rukama. Zapravo, gledate to svojim očima koje su stvorene da vide stvarnost makroskopskog fizičkog svijeta.

Ako bi vam, s druge strane, bilo omogućeno da gledaju kvantni svijet, knjiga bi vam se učinila kao splet vibracija. Svako slovo ne bi stalo na svoje mjesto na stranici, ali bi moglo biti u beskonačnom vjerojatnosnom položaju. Ova bi knjiga bila "ništa" što pleše u svemiru sazdanom od vibracija. Vjerojatno ne biste razumjeli da je ovo knjiga.

Kao što je Nietsche izjavio, "Oni koji su plesali, oni koji nisu mogli slušati glazbu smatrani su ludima." Nažalost, naše uši nisu stvorene da percipiraju glazbu zbog koje čestice plešu. (Vidi sliku 19).

Svijet na kvantnoj razini ne čine predmeti. Kvantna stvarnost sastoji se od informacija i energije.

Srećom, za naše potrebe preživljavanja, naše oči vide stvarnost na fizičkoj, a ne na kvantnoj razini. To ne znači da kvantna stvarnost ne postoji. Ne samo da je tamo, već njegova prisutnost ima izvanredne učinke na nas.

I sami smo sazdani od elementarnih čestica. Mi smo mješavina energije i informacija.

Na kvantnoj razini nema ograničenja prostora i vremena. Mi smo vibracije i plešemo zajedno s vibracijama cijelog svemira. Naša energija dijeli, i dijeli je, sva energija svemira.

Naša energija posebno sudjeluje u „namjerama“ energije koja vibrira oko nas. Koliko puta nam se dogodilo da se u nekoj situaciji osjećamo nelagodno, a da ne znamo zašto? Možda smo kasnije saznali da su ostale ljude prisutne na tom mjestu dijelili osjećaji mržnje.

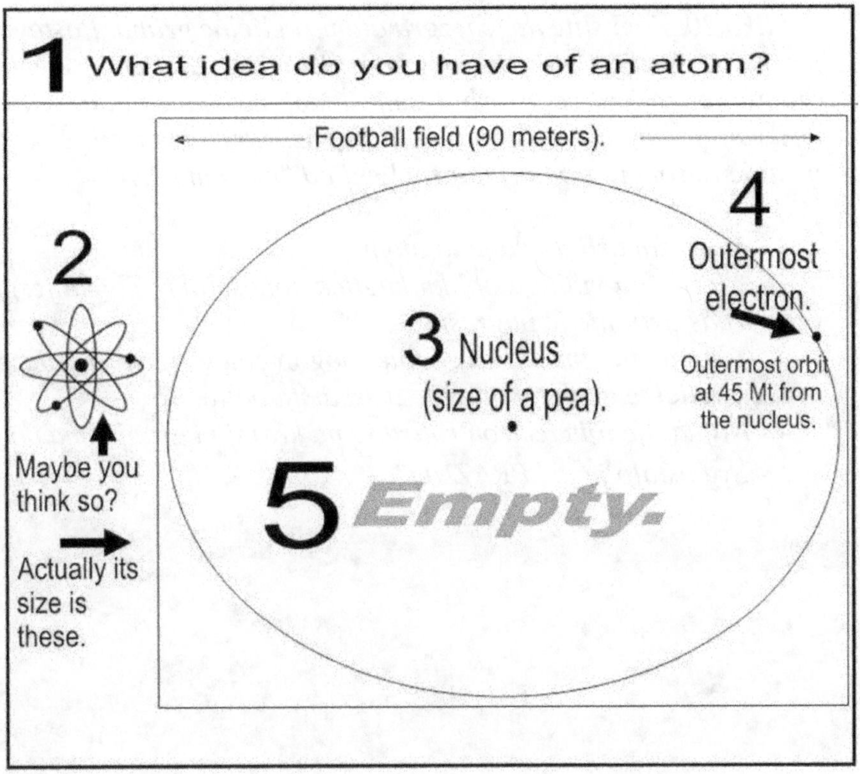
1 What idea do you have of an atom?
Football field (90 meters).
2
Maybe you think so?
Actually its size is these.
3 Nucleus (size of a pea).
4 Outermost electron.
Outermost orbit at 45 Mt from the nucleus.
5 Empty.

*Slika 20. Zamislite da je jezgra atoma veličine graha. Postavimo jezgru u središte nogometnog igrališta. Najudaljeniji elektron atoma rotirao bi se u orbiti smještenoj na rubu polja. Bila bi beskrajno manja od trunke prašine. Između elektrona i jezgre postoje ogromni prostori napravljeni od "vakuuma".*

*1 - Kako zamišljate da je to atom?*
*2 - Možda ga vidite u obliku kuglica koje se okreću oko jezgre. Ovo predstavljanje je pogrešno.*
*3 - Zamislite prostor veličine nogometnog igrališta Jezgra atoma, veličine graha, nalazi se u središtu polja.*
*4 - Najudaljeniji elektron rotira se na krajnjim granicama polja.*
*5 - Sve ostalo je ... "PRAZNO".*

Ako smo ponekad na sastanku imali osjećaje tipa "napetost je bila vrlo velika", to se dogodilo jer su informacije "negativnog polja" u koje smo ušli utjecale na naše "individualno polje svijesti".

Na kvantnoj razini naše se vibracije stapaju s onima iz okolnih stvarnosti. Da bismo razumjeli kako to rade, pokušajmo zamisliti atom. Imajte na umu da smo u potpunosti sačinjeni od atoma.

Kakvu ideju imate o veličini atoma? Naravno da ste znali da je vrlo malen, ali jeste li zamišljali da je i tako prazan, kao što je opisano na slici 20?

Zamislimo atom s jezgrom koja je neizmjerno veća od stvarnosti. Naš zamišljeni atom veličine je graha. Stavimo atom u središte nogometnog igrališta koje, kao što je poznato, ima dužinu od 90 metara.

Naš bi atom mogao imati prosječnu količinu elektrona, recimo 10.

Pa, najudaljeniji elektron našeg atoma rotirao bi se na rubu polja i bio bi beskrajno manji od trunke prašine. Ostalih devet elektrona, poput ostalih prašnjavih zrna, rotirali bi se u drugim položajima. U fizičkom prostoru tog atoma, veličine nogometnog igrališta, svu bi materiju činili grah i deset zrna prašine. Sve ostalo bilo bi ogromno ... PRAZNO. Svi su atomi takvi. Ipak, čine nam se solidnima.

Razmatrajući ovo, možemo razumjeti što se događa kad dodirnemo čvrsti predmet. Naš je dojam da objekt posjeduje veću ili manju "tvrdoću", odnosno odupire se potisku našeg dodira.

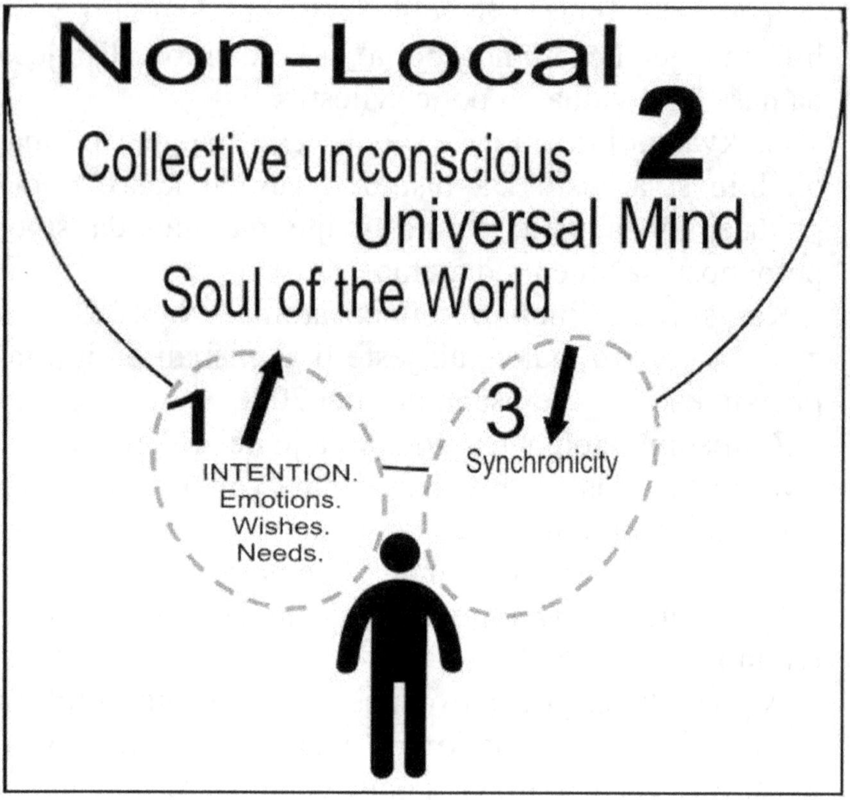
Non-Local
2
Collective unconscious
Universal Mind
Soul of the World
1
3
INTENTION.
Emotions.
Wishes.
Needs.
Synchronicity

*Slika 21. Nelokalna se razina može definirati na mnogo načina, ovisno o studijama i kulturama. Ova razina sadrži svu energiju i sve informacije o svemiru. Mi sami sudjelujemo u oblikovanju informacija koje postoje na ne-lokalnoj razini.*

*1. Namjere i osjećaji svakog biološkog bića konvergiraju se u "kolektivnu podsvijest".*

*2 U "kolektivnoj podsvijesti" sva iskustva čovječanstva pronalaze svoje mjesto.*

*3 Iskustva čovječanstva, zamišljena u obliku "iskonskih psihičkih elemenata", ili "arhetipova, teku prema podsvijesti pojedinaca u obliku" psihičkih sinkroniciteta "*

Umjesto toga, ovo je samo naš osjećaj. Zapravo se atomi našeg tijela i atomi predmeta miješaju. Na isti način, dva oblaka koja se sudaraju na nebu mogla bi se pomiješati ili dva dima koji izlaze iz dva obližnja dimnjaka.

Smjesa stvara spoj i razmjenu. Vibracije i informacije atoma našeg tijela šire se u tijelo predmeta kojeg dodirujemo i obrnuto.

Na kvantnoj razini postoji kontinuirana razmjena informacija i energije između nas i predmeta oko nas.

Na kvantnoj razini više nema nikakve individualnosti. Sve je "jedno", a sve dijeli "cjelinu.

*Nelokalna razina.*

Treća razina postojanja je područje ne-lokalnog. Na ovoj razini nema ni vremena ni prostora. Ova se razina naziva nelokalnom jer se nigdje ne može smjestiti.

Nije ni na nebu ni na zemlji: nije u nama i nije izvan nas. Jednostavno "postoji u sebi".

To je virtualno područje koje možemo usporediti s Jungovom "kolektivnom podsvijesti". Na "ne-lokalnoj" razini žive sve informacije i energija od kojih se sastoji svemir.

Ova razina je "polje" čistog potencijala. To je mjesto koje upravlja cijelim svemirom, jer poznaje cijeli svemir. (Vidi sliku 21). Ne postoji informacija ili sila u svemiru

*Slika 22. Na nelokalnoj razini ne postoje prostorna ni vremenska ograničenja. Stvarnost nije vezana „zakonima uzročnosti“ koji dominiraju fizičkom razinom.*

koja nije utemeljena u carstvu "ne-lokalnog".

Stoga, "ne-lokalna" razina sadrži "projekt" i svu inteligenciju svemira. "Nelokalna" razina organizira i upravlja čitavim svemirom, stvara i distribuira energiju koja oblikuje fizički svijet.

*Kako sudjelujemo u ovom projektu?*

Jednostavno smo dio toga.

Energije, polja sile, vibracije od kojih smo sastavljeni sastavni su dio razine "nelokalnosti".

Oni sudjeluju u stvaranju i raspodjeli energija svemira. Nismo subjekti, već graditelji nelokalne stvarnosti.

O nelokalnoj stvarnosti ne možemo iznijeti mnogo zapažanja. Moglo bi biti korisno spomenuti Larryja Dosseyja, znanstvenika koji je na tu temu objavio nekoliko knjiga.

Prema dr. Dossey, razina nelokalnosti može se definirati s tri karakteristike.

Prije svega, na događaje koji se događaju u "ne-lokalnom" ne utječu treći elementi. To znači da ih ne povezuje uzročnost, već je svaki događaj neovisan o drugima. Međutim, događaji se mogu međusobno povezivati i koordinirati, baš kao i događaji koji su dio sinkroniciteta.

Nadalje, događaji nisu "ublaženi" zbog udaljenosti, već su "neposredni". Suprotno onome što se događa na fizičkoj razini, sila događaja ostaje ista (ne smanjuje se) na bilo kojoj udaljenosti. Snaga se ne smanjuje ni zbog utjecaja prostora ni zbog utjecaja vremena.

Možemo zamisliti razgovor dvoje ljudi. Jedna je osoba živjela prije tisućljeća u Africi. Druga osoba danas živi na Arktiku.

Intervju se odvija kao da su oboje susjedi u vremenu i prostoru .. Tiho razgovaraju jedni s drugima. Glas ne smije putovati u svemiru. Sve se događa u vječnom "sada, zajedno". (Vidi sliku 22).

Kako nam sve ovo može biti korisno? Sigurno nam može pomoći da shvatimo mnoge pojave, poput ekstrasenzornih percepcija. Te pojave materijalistička znanost procjenjuje nemogućim. Ipak su ti fenomeni mogući na kvantnoj razini. Još su mogući na nelokalnoj razini.

Polja sile.

Jungova "sinkronicitet" temelji se na događajima koji međusobno nemaju uzročnih veza. Svaki od događaja koji čine "sinkronicitet" nema uzročnu vezu s ostalima. Jedino što spaja te događaje je "značenje" koje oni poprimaju za promatrača.

Slijedom toga, sinkronicitet je izvan područja moderne znanosti. Zapravo, trenutno se znanost bavi samo događajima koji imaju međusobnu vezu, odnosno temeljeći se na principu uzrok / posljedica.

Iako su drugi znanstvenici sugerirali mogućnost postojanja drugih oblika povezanosti u svemiru, osim onih koji se temelje na uzročnosti, njihove su ideje odbačene kao pseudo-znanstvene i nisu uzete u razmatranje.

Prije pojave takozvane ere "Âge des Lumières" velika se važnost pridavala konceptima afiniteta, harmonije i simpatije, korisnih za povezivanje dijelova stvarnosti s nefizičkim vezama.

Pojavom "Âge des Lumières" ovi su odnosi bili potpuno zanemareni, sve dok se nije shvatilo da nevidljive veze i sile stvarno postoje.

Najvažnije otkriće bila je privlačnost koju vrši sila gravitacije. Kao posljedica poznate anegdote o jabuci koja mu je pala na glavu, Newton je razradio tri zakona dinamike.

Prema prvom zakonu, tijelo ostaje nepomično ili se kreće pravocrtno, sve dok ne intervenira sila koja modificira njegovu putanju. Ova sila je gravitacija. Na primjer, Mjesec bi bio izgubljen u svemiru da ga u svojoj orbiti ne drži sila gravitacije koju vrši zemlja. Isto bi se dogodilo i sa zemljom, da nije podložna gravitacijskom utjecaju sunca.

Nakon gravitacije na red je došao magnetizam, to je sila koja izražava privlačnost ili odbojnost između dvaju tijela obdarenih određenim električnim nabojem.

Teoriju je razvio Michael Faraday koji je predložio postojanje "linija sile" između magneta i privlačenog metala. Tada je James Clerk Maxwell sa svojim jednadžbama dokazao da su elektricitet, magnetizam i svjetlost manifestacija istog fenomena: elektromagnetskog polja.

Od tog trenutka pojam polja sve se češće koristi u fizici. Moramo, međutim, istaknuti da se taj pojam ne koristi samo u fizici.

Koncept polja može se proširiti na mnoge druge odnose čak i izvan fizike, kao što je prikazano na slici 23. Za početak, ovaj je izraz uvijek bio indikativan za zemljište u obradi, u smislu da je polje mjesto gdje odvija se seljakova radnja.

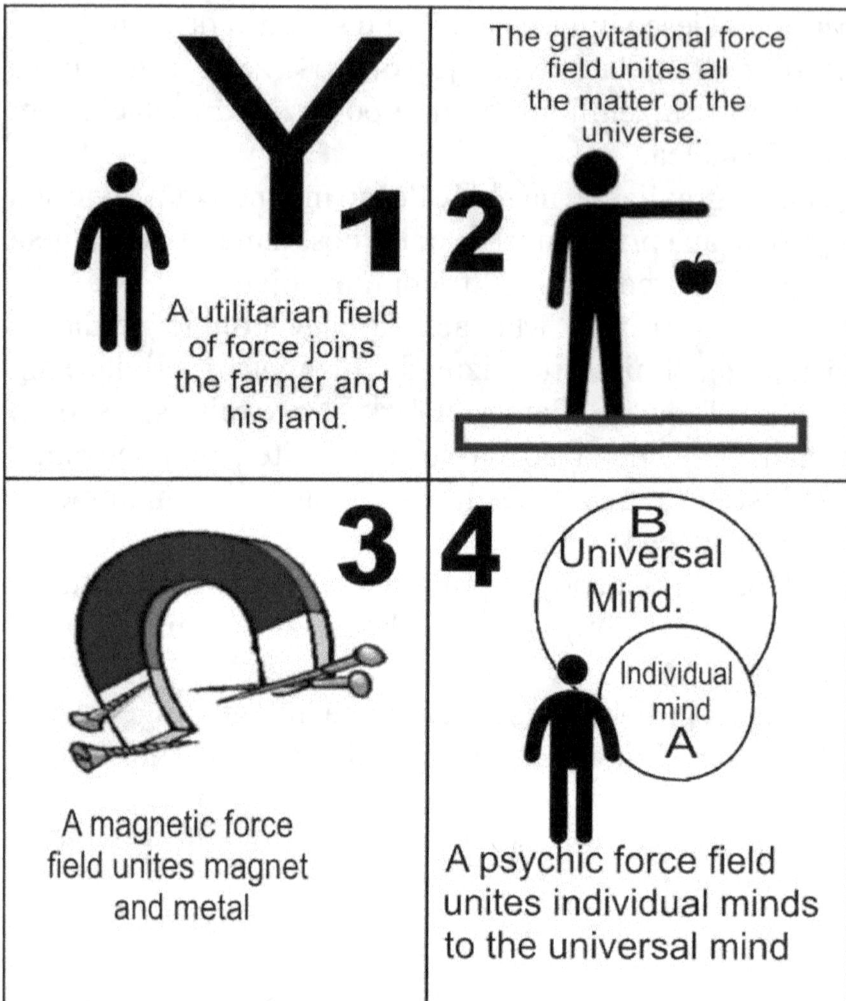
1
A utilitarian field
of force joins
the farmer and
his land.
2
The gravitational force
field unites all
the matter of the
universe.
3
A magnetic force
field unites magnet
and metal
4
B
Universal
Mind.
Individual
mind
A
A psychic force field
unites individual minds
to the universal mind

*Slika 23. Prikaz različitih oblika koncepta polja sila.*

*1 Polje utilitarne sile ujedinjuje poljoprivrednika sa njegovom zemljom.*

*2 Polje gravitacijske sile objedinjuje svu materiju u svemiru.*

*3 Magnetsko polje spaja čavle s magnetom.*

*4 Polje psihičke sile ujedinjuje um svakog pojedinca s univerzalnim umom.*

Za koncept polja možemo prihvatiti ovu definiciju: "mjesto na kojem se vrši akcija onoga tko djeluje". Tada možemo zaključiti da djelujući "subjekt" može biti bilo tko, na primjer poljoprivrednik, ili fizički princip kao što je gravitacija ili magnetizam. To također može biti psihički princip kao što je sinkronicitet.

Između poljoprivrednika i njegove zemlje stvara se "utilitarno" polje snage. Ne vidimo ga, ali shvaćamo da postoji gledajući plodove žetve.

Polje gravitacijske sile stvara se između zemlje i mjeseca. Ne vidimo ga, ali shvaćamo da postoji jer Mjesec ne bježi u kozmos već se nastavlja vrtjeti oko Zemlje.

Magnetsko polje sile stvara se između magneta i komada metala. Ne vidimo ga, ali shvaćamo da postoji jer metal privlači magnet.

Između individualne svijesti i univerzalne svijesti stvara se polje psihičke sile. Ne vidimo ga, ali shvaćamo da postoji jer se uz trenutno poznate fizikalne zakone događaju neobjašnjivi fenomeni.

U Jungovoj psihoterapiji često se koristi izraz "arhetipsko polje". Razlika između psihičkog i fizičkog polja je u tome što su fizička polja dobro definirana i mogu se smjestiti u svemir te su obdarena vlastitom energijom.

Nadalje, fizička polja prenose signale koji, krećući se i prenoseći podatke, ne mogu premašiti brzinu svjetlosti.

Suprotno tome, polja psihičke sile nisu lokalna. Ta se polja ne mogu precizno smjestiti u vrijeme i prostor,

Psihička polja prenose informacije koje nemaju ograničenja brzine ili vremena. Ta su polja istovremeno prisutna u prostoru i vremenu. Kao što ćemo vidjeti kasnije, oni imaju kvantna svojstva.

*Planina psovki.*

Kad su Izraelci, predvođeni Jošuom, ušli u Obećanu zemlju, započeli su svoje osvajanje opsjedajući i uništavajući sve gradove mještana.

Došavši do grada Ai, Joshua je pomislio da je grad premalen da bi mogao upotrijebiti cijelu vojsku i odlučio poslati nekoliko vojnika. Ali stanovnici Aja izašli su iz zidina i ubili ih.

U očaju, Joshua je potražio pomoć od svog Boga Jawea. Njegov mu je bog rekao da je poraz posljedica nevjere izraelskog naroda. Ali onda ga je utješio i predložio pravu strategiju za osvajanje grada Aja.

Sva Joshuaina vojska prišla je blizu zidina, skrivajući se. U međuvremenu je mala grupa vojnika krenula u napad. Stanovnici Ai napustili su grad i potjerali te vojnike na okolna pustinjska područja, planirajući ponoviti njihov prethodni uspjeh.

To je omogućilo ostalim trupama koje su ostale skrivene da uđu i osvoje neobranjivi grad.

Pobjeda je Joshuau shvatila da bi svaki neposluh nanio poraz njegovom narodu i podsjetila ga na ono što je Jaweh propisao Mojsijevim ustima:

> "When the Lord your God has brought you into the land you are entering to possess, you are to proclaim on Mount Gerizim the blessings, and on Mount Ebal the curses." (*Deuteronomy 11:29*)

*"Kad vas Gospodin, vaš Bog, odvede u zemlju koju ćete osvojiti, viknut ćete blagoslov na gori Gerizim i zaklikat ćete prokletstvo na gori Ebal." (Ponovljeni zakon 11:29)*

Dvije planine Garizim i Ebal nalaze se jedna nasuprot druge, u dolini Sichem, koja je danas poznata kao dolina Nablus. Planina Garizim, koja doseže 881 metar, trenutno je poznata kao Jebel at-Tur.

Planina Ebal je viša, 940 metara, i odgovara trenutnoj Jebel Eslamiyeh.

Tako je, poslušavši Jaweha, Joshua organizirao epsku i grandioznu ceremoniju. Svi ljudi iz šest izraelskih plemena, Ruben, Gad, Aser, Zebulun Dan i Naftali, popeli su se na goru Ebal da proglase prokletstva. Ljudi iz ostalih šest plemena popeli su se na goru Gerizim da naviještaju blagoslove.

Svi oni koji će od tada držati Božji zakon trebali su biti blagoslovljeni. Zbog toga su oni koji to nisu htjeli morali biti prokleti.

Kovčeg zavjeta i svećenici leviti stajali su u sredini, u dolini.

Kad su viknuli blagoslov, plemena koja su stajala na gori Gerizim odgovorila su krikom koji se snažno spustio u dolinu: „Amen! Amen!"

To su učinila i plemena na gori Ebal kad su proglašene kletve. Ovim obredom Izraelci su željeli uspostaviti kontekst blagoslova i prokletstva u koji je bila uključena cijela priroda, od dolina do vrhova planina. Učinci tog obreda nastavili bi se s vremenom sve dok bi same planine ostale tamo da mu svjedoče.

Možemo zamisliti veličinu ovog događaja s desetinama tisuća ljudi okupljenih na dvije planine. Zapravo, emocionalno sudjelovanje tolikog čovječanstva moralo je stvoriti ono „polje sile" koje je trebalo uspostaviti u dimenziji čak višoj od zapisanog zakona, vječnu silu, neuništivu i više nepromjenjivu.

*Ritualno kupanje u rijeci Ganges.*

To nije bilo jedino vrijeme u kojem se ljudskim sudjelovanjem stvaraju polja sile, općenito povoljna za čovječanstvo.

Indijska mitologija kaže da je Ganga (otuda i ime rijeke Ganges), kći planinskog kralja Himavana, imala moć učiniti sve čega se dotakne čistim.

Stoga je, prema Hindusima, rijeka Ganges sveta. Vjeruju da se barem jednom u životu mora okupati u Gangesu.

Mnoge hinduističke obitelji kod kuće drže bocu vode Svete Gange. Svatko vjeruje da ova voda može očistiti čovjekovu dušu od svih grijeha, a može i izliječiti bolesne.

Svakih šest godina, hinduistički vjernici okupljaju se na ušću Gangesa s dvije druge rijeke, Yumanom i Saraswatijem, kako bi proslavili blagdan Ardh Kumbh Mela, na kraju kojeg se održava ceremonija Shahi Snana ili kupke za pročišćavanje. mjesto.

Nevjerojatno patetična ceremonija. Tisuće i tisuće hinduista uranjaju u rijeku za kupku koja liječi dušu.

Voda koja teče impregnirana je njihovom vjerom i odzvanja joj kao iscjeliteljska snaga za cijelu kreaciju.
Očito je kako ova ceremonija također izaziva emocije neizmjernog intenziteta kod nevjernika koji je promatraju. Sigurno su svi sudionici uključeni u snažno mistično polje sile.
Deseci milijuna ljudi, od kojih neki pate od zaraznih bolesti, pa čak i leševi ljudi i životinja, dodiruju vode rijeke Ganges. Navodno, iznenađujuće, nikad nitko nije obolio od mokrenja ili pijenja te vode.
Slično mistično polje ljekovite moći možemo pronaći u mnogim drugim izvorima vode, poput svetišta Lourdes u Francuskoj.

*Polja sile i arhetipovi.*

Prema Jungu, arhetipovi predstavljaju urođene i unaprijed određene ideje ljudskog nesvjesnog. Oni borave u kolektivnom nesvjesnom i stvarni su centri psihičke energije.
Oni se spontano manifestiraju u svijesti pojedinaca, posebno u trenucima patnje zbog kriza ili transformacija.
Epizode sinkroniciteta javljaju se zahvaljujući povezanosti koja se uspostavlja između onoga što čovjekova psiha prikuplja od kolektivnog nesvjesnog i onoga što doživljava u vanjskom svijetu.
Iako su urođeni i sadrže cijelu ljudsku povijest i iskustvo, arhetipovi se jačaju kako se ljudska vrsta razvija.

Što više ljudske psihe generira polja sila, to se više "arhetip" učvršćuje u kolektivnom nesvjesnom.

U tom bismo smislu mogli reći da čovjekove želje oblikuje onaj univerzalni um koji definiramo kao kolektivno nesvjesno. Zauzvrat, univerzalni um oblikuju polja sile generirana željama i očekivanjima, odnosno ljudskim namjerama. Sinkronicitet djeluje u oba smjera.

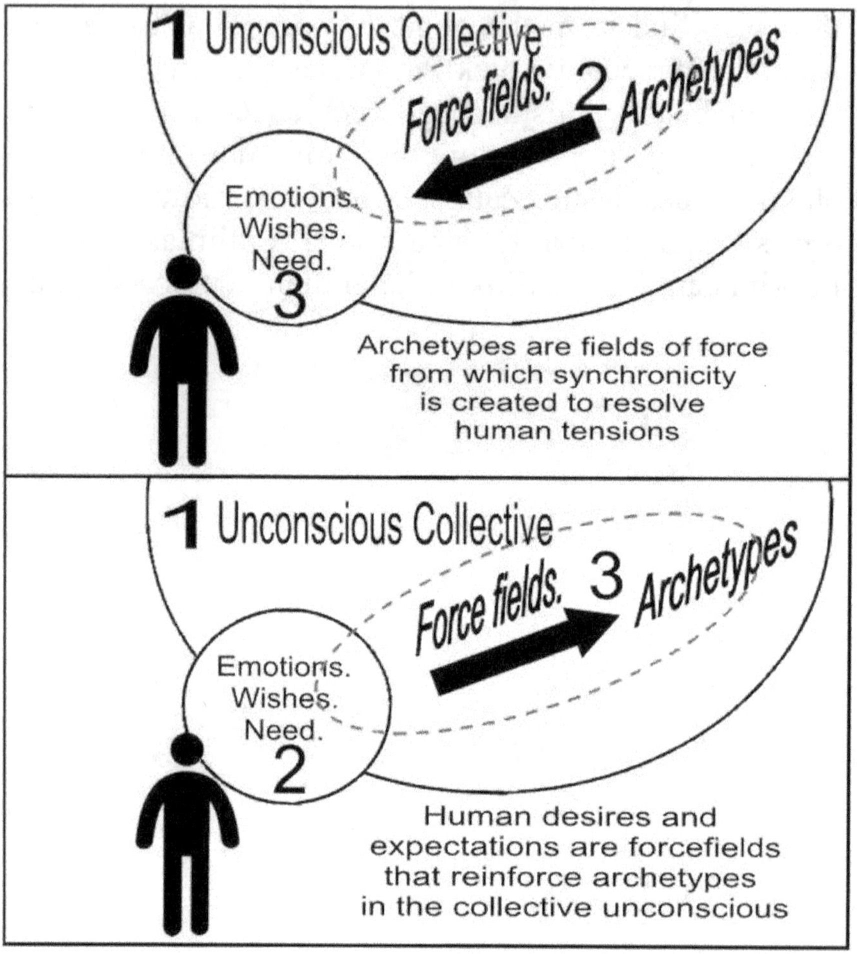


*Slika 24. Međusobno potkrepljenje između namjera koje se dižu prema ne-lokalnom i sinkroniciteta koji iz njega proizlaze.*
*1 Kolektivna podsvijest je mjesto na kojem se događa susret između pojedinca i kozmosa.*
*Arhetipovi teku iz kolektivne podsvijesti u individualnu svijest.*
*Želje, iskustva i osjećaji pojedinaca jačaju kolektivnu podsvijest.*

Mentalna polja,

Rupert Sheldrake britanski je biolog i esejist najpoznatiji po svojoj teoriji morfičkih polja ili polja oblika. Karakteristika ovih polja je da se oni ne odnose na klasičnu fiziku, odnosno nisu mehanistički, već se njima upravljaju nepoznati zakoni. U svojoj knjizi Prošireni um kaže:

> "Dok sam istraživao razvoj biljaka na Sveučilištu u Cambridgeu, došao sam do zaključka da su živi organizmi organizirani kroz polja.
>
> Kako biljke rastu iz jednostavnih zametaka sadržanih u sjemenu kako bi postale gardenije, sekvoje ili bambusi? Kako lišće, cvijeće i plodovi poprimaju svoje karakteristične oblike?
>
> Naivni odgovor je reći da je sve genetski programirano. Svaka biljka ili životinja u razvoju nekako slijedi upute sadržane u njezinim genima.
>
> Problem ove teorije je u tome što zapravo znamo što rade geni: oni kodiraju aminokiseline koje čine molekule proteina.
>
> Geni omogućuju stanicama da proizvode prave proteine u pravo vrijeme, kako se tijelo razvija. Ali posjedovanje pravih bjelančevina ne objašnjava oblik cvijeta ili strukturu miša. Zašto se ta struktura tako razvija? Nitko ne zna. Ovo je jedan od glavnih neriješenih problema u biologiji.
>
> Tijekom posljednjih četrdeset godina uloženi su ogromni napori u proučavanju gena i kontroliranju

njihove aktivnosti. Dostupno je mnoštvo detaljnih informacija, ali to ne znači razumijevanje razvoja miša ili bilo kojeg drugog organizma.

Reći da se stanice, tkiva i organi jednostavno automatski organiziraju, ekvivalentno je tvrdnji da bi se, ako bi svi materijali bili dostavljeni na gradilište u pravo vrijeme, zgrada automatski izgradila sama i u pravom obliku.

Očito to nije slučaj. Zgrade se ne grade sami, već se podižu prema projektu. Naravno, projekt nije sadržan u građevinskim materijalima: to je prostorna ideja, obrazac informacija koji nedostaje materijalima. "

Od prošlog stoljeća mnogi su biolozi, proučavajući razvoj živih organizama, došli do zaključka da rad gena nije dovoljan te da, osim programiranja potrebnih materijala, mora postojati i organizacijski sustav koji nadzire razvoj.

Vjeruje se da se sustav temelji na poljima, koja se nazivaju "morfogenetska polja". U matematičke modele pripremljene za proučavanje razvoja organizama uvedeni su elementi koji "stvaraju privlačnost". "Atraktori" su ciljevi kojima teže morfogenetska polja.

Ovi atraktori borave u nespecificiranim prostorima koje matematičari nazivaju "bazeni privlačenja" i imaju sposobnost privlačenja i usmjeravanja svakog organizma u smjeru razvoja koji odgovara njegovoj vrsti i rodu.

Dakle, razvoj miša oblikuje morfogenetsko polje miševa, a tratinčice morfogenetsko polje tratinčica.

Sve u redu, ali gdje su ta polja? Kako se mjere, kako se mjere?

Apsolutna tama vlada nad tim. Evo, dakle, da čak i matematički modeli razvoja jednostavne tratinčice moraju pribjeći ... nepoznatom, kako bi objasnili kako se tratinčica formira.

Postaje obvezno prihvatiti da uz fizička polja poput električnog i magnetskog polja postoje i nefizička i nelokalna polja, odnosno polja koja nisu mjerljiva. Nadalje, nije poznato gdje su ta polja niti odakle potječu.

Razmotrimo ljudsko biće, muškarca ili ženu, staro 30-40 godina, visoko 1,75 metara i teško 70 kg. Njegov kemijski sastav bit će:

voda 59%, jednako 41,4 kg
bjelančevine 19%, jednako 13 kg
masti 17%, jednako 12 kg
minerali 4%, jednako 3 kg
ugljikohidrati 1%, jednako 0,6 kg
vitamini u tragovima 3-5 g

Mislite li da biste spajanjem ovih elemenata u shakeru i mućkanjem po volji dobili muškarca? Ne. Čak i ljudska bića nisu "okupljena" nasumce, već prema uputama morfogenetskog polja. (Vidi sliku 25).

*Kako djeluju morfogenetska polja?*

Zapravo nitko ne zna. Rupert Sheldrake pretpostavlja da su to polja roda koje fizičari još nisu prepoznali, te stoga sugerira tri svojstva.

Prvo je očito, morfogenetsko polje je projekt koji upravlja procesima koji bi inače bili slučajni. U nedostatku morfogenetskog polja koje vodi (doista, nameće) razvoj miša, bio bi kaos: mogli bismo imati miševe s osam repova i jednom nogom, ili još gore miševe s pola tijela sličnim žoharima.

Drugo je da ta polja, kako pretpostavljaju matematičke teorije, sadrže "agense privlačenja".

Uz planiranje razvoja trenutka, ta polja znaju voditi budući razvoj. Morfogenetska polja znaju "kamo idemo", vide što će se dogoditi prije nego što se dogodi.

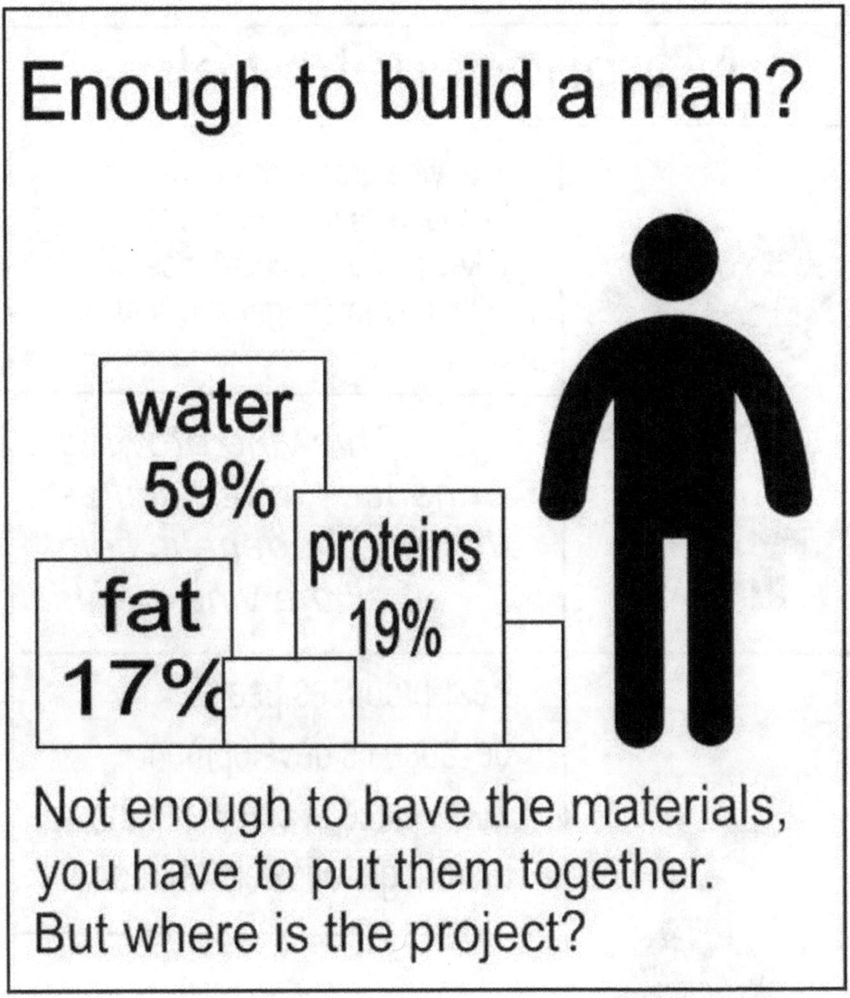


*Slika 25. Za izradu zgrade nije dovoljno donijeti sav materijal na gradilište. Postoji potreba za projektom. To, međutim, nije sadržano u materijalima.*

<table>
<tr><th colspan="2">Morphogenetic fields</th></tr>
<tr><td rowspan="2"><br>1</td><td>The vine produces grapes because its development takes place in accordance with the morphogenetic field of the vine.</td></tr>
<tr><td>This vine growing enhances and modifies the morphogenetic field of all the vine plants.</td></tr>
<tr><td rowspan="2"><br>2</td><td>Pear produces pears because its development takes place according to the morphogenetic field of Pear.</td></tr>
<tr><td>This growing pear tree enhances and modifies the morphogenetic field of all pear trees.</td></tr>
</table>

*Slika 26. Svaki element svemira, životinjski, biljni ili mineralni, razvija se prema projektu upisanom u njegovo morfogenetsko polje.*

*1 Loza daje grožđe jer njezin razvoj prati norfogenetsko polje vinove loze. Kako ova loza raste, jača morfogenetsko polje svih vinovih loza.*

*2 Kruška proizvodi kruške jer svojim razvojem prati morfogenetsko polje stabala krušaka. To, međutim, kako raste, jača morfogenetsko polje svih stabala krušaka.*

Imaju mudrost ili, ako želite, savjest i svijest o svom zadatku. Kako se projekt danas razvija, polje već vidi što će se dogoditi u budućnosti.

Treće svojstvo je da morfogenetska polja nisu jednom zauvijek registrirana u svemiru, već se razvijaju zajedno s referentnim organizmima. Polja svih vrsta imaju povijest koje su im poznata. (Vidi sliku 26).

*Morfogenetska polja i morfička rezonancija.*

Daljnji korak je proširenje principa djelovanja morfogenetskih polja. Oni su ograničeni samim svojim imenom: njihova je funkcija surađivati s genima za realizaciju građevinskih projekata organizama.

Možemo zamisliti veća područja, u kojima bi polja mogla postati vodeći projekti za izgradnju ne samo fizičkog tijela, već i karaktera, odnosno psihičkih svojstava.

Na primjer, kako miš raste, njegovi instinkti i ponašanje mogu također rasti s njim prema već postojećem nacrtu. Kao dijete njegov će ga instinkt voditi da hranu traži od majke, a kad odraste, hranu će tražiti samostalno lovom ili traženjem hrane među otpadom.

U ovom slučaju govorimo o morfičkoj rezonanciji između psihe miša u razvoju i svih beskonačnih miševa koji su živjeli prije njega.

Rezonancija je fenomen sličan odjeku ili tutnjavi. Da biste dali vrlo čest primjer, zamislite da približite dva mikrofona koja su blizu; možda ćete početi čuti zviždùke sve veće glasnoće.

Tehnički se kaže da dva mikrofona osciliraju: svaki od dva prenosi signal drugome i prima ga pojačanim povratkom. To je ono što smo predložili na slici 24 tvrdeći da arhetipovi i svijest međusobno djeluju i jačaju.

Slično tome, morfičnom rezonancijom dolazi u kontakt psiha milijardi miševa koji su ranije živjeli i miša pojedinca. Pojedinac prima svo iskustvo vrste. Istodobno, iskustvo vrste obogaćeno je iskustvom pojedinca. Razgovarajmo o pamćenju vrste.

Pitanje je: gdje je sjećanje na vrstu? Nigdje, ne možemo reći, jer je jedno od njegovih svojstava nelokalnost. Ili bismo ga, analogno onome što je do sada rečeno, mogli smjestiti u kolektivno nesvjesno miševe.

Opet citiram Sheldrakea kako bih bolje pojasnio koncept morfičkog polja

> "Other kinds of morphic fields include the behavioral fields that underlie the behavior and instincts of animals. As a kitten grows up, its instincts and behavior are shaped by morphic resonance from countless cats in the past. Its morphic fields contain a collective memory of the species. These fields interact with nervous systems and brains by imposing pattern and order on otherwise indeterminate or chaotic processes within them, as I discuss below.
> In addiction, the morphic fields of social groups, or social fields, coordinate the behavior of animal groups, such as termite colonies, flocks of birds, schools of fish, and packs of wolves". (The Sense of Being Stared At: And Other Unexplained Powers of Human Minds)

*„Postoje morfička polja koja uključuju polja ponašanja koja su u osnovi ponašanja i instinkta životinja..*

*Slika 27. Kretanje i razvoj jata riba ili jata ptica posljedica je polja sila povezanih s nelokalizacijom. Zbog toga se odmah prenose na sve ribe ili ptice.*

*1 Instinkt za migracijom potječe iz morfičkog polja rode.*

*2 Polje sile koordinira kretanje jata roda.*

*Kako mačka raste, njezine instinkte i ponašanje oblikuju, kroz morfijsku rezonancu, nebrojene mačke prošlosti. Njegova morfička polja sadrže kolektivno pamćenje vrste.*
*Ta polja komuniciraju sa živčanim sustavom i mozgom pojedinaca, namećući obrasce i naredbe procesima koji bi u njima inače bili neodređeni ili kaotični.*
*Nadalje, morfička polja socijalnih skupina ili socijalna polja koordiniraju ponašanje skupina životinja, poput kolonija termita, jata ptica, jata riba ili vukova".*

*Morfička polja.*

Morfička polja očituju svoju tihu prisutnost u našim percepcijama, mislima i svim našim mentalnim procesima.

Morfička polja mentalnih aktivnosti nazivaju se mentalna polja. Kroz mentalna polja um dopire do okoline i povezuje se s ostalim članovima društvenih skupina.

Te poveznice mogu objasniti telepatiju, osjećaj promatranja, vidovitost i psihokinezu. Oni također mogu pomoći u razumijevanju predosjećaja i slutnji jer znaju kako se proširiti u budućnost, budući da na nelokalnom području budućnost ne postoji.

*"Polja sile" u prirodi. Kamenje.*

Na početku ovog dijela predložio sam hipotezu o poljima sile koja nastaju kao rezultat namjera, odnosno čovjekovih želja i savjesti, kao u slučaju svete kupke u rijeci Ganges.

Međutim, postoje prirodna polja sile, neovisna o čovjeku, koja je čovjek identificirao od zore čovječanstva kada su njegove veze s prirodnim silama bile puno jače od onoga što se danas događa.

Hodočasnička odredišta postojala su već u pretpovijesno doba, povezana s vjerom u svetost pojedinih mjesta: šuma, potoka, kamenja. Iz tih vjerovanja razvile su se i proslave vjerskih kultova.

Zemlja se štovala kao Majka, prema konceptu prisutnom kod svih naroda. Slijedom toga, sve stvari koje dolaze od Majke Zemlje poprimile su sveto značenje.

Konkretno, neki su kamenje viđeni kao spremnici mističnih svojstava. Kamen, koji sam po sebi simbolizira snagu i trajnost, postao je izraz prisutnosti božanske, moćne i vječne moći.

Kamen je također nadahnuo sigurnost, jer su se prve ljudske nastambe nalazile točno unutar kamena, u špiljama.

Špilje se nisu smatrale samo spavaonicama, već mjestima punim svetosti. To se može razumjeti promatranjem ukrasa prisutnih u mnogim od ovih špilja.

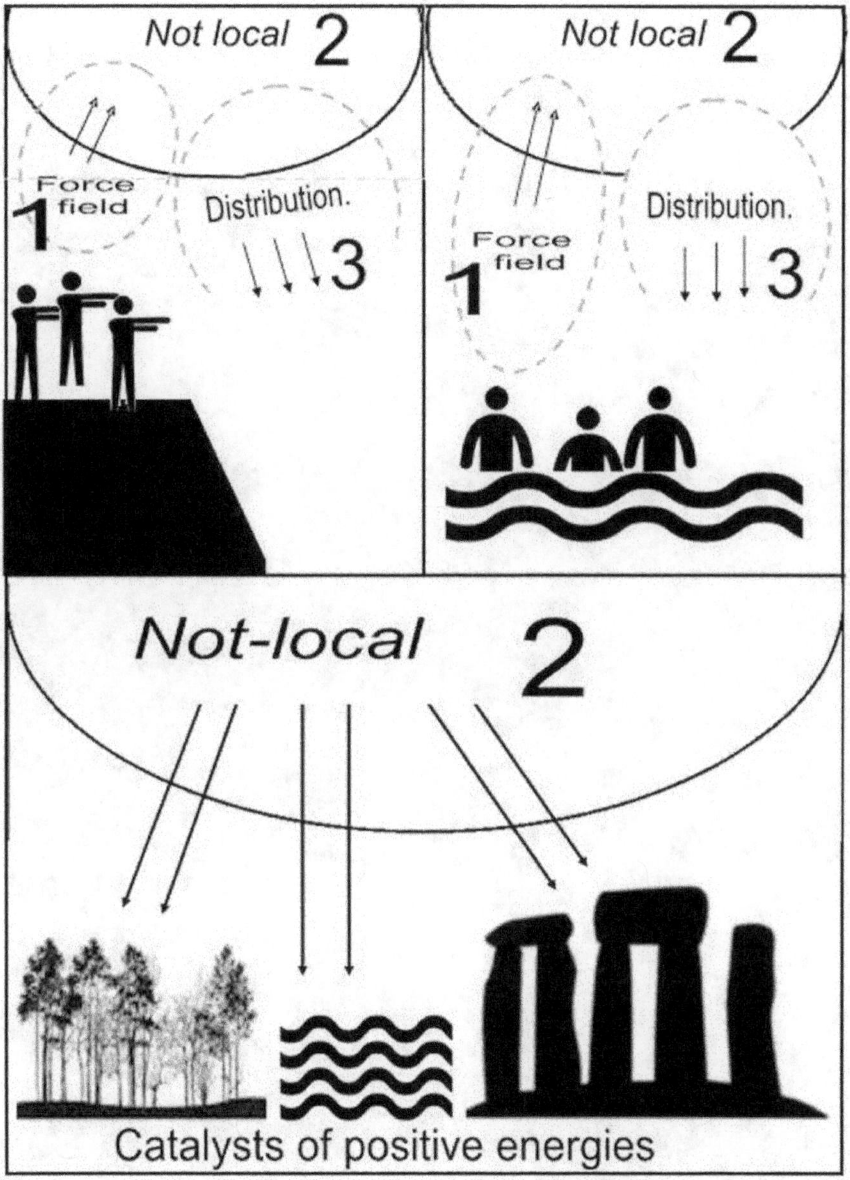
Not local 2
Force field
1
Distribution.
3
Not local 2
Distribution.
Force field
1
3
Not-local 2
Catalysts of positive energies

*Slika 28. Katalizatori pozitivne energije.*

*1 - 2 Ljudske namjere mogu stvoriti polja sile koja utječu na nelokalnu razinu.*

*3 Mnoga mjesta na zemlji katalizatori su pozitivnih energija koje dolaze s nelokalne razine.*

Dekoracije su špilje pretvorile u hramove, kao što se to dogodilo na primjer u špiljama ukrašenim kamenim slikama Lascauxa ili Chauveta u Francuskoj, špilji Altamira u Španjolskoj ili čak Grotti del Genovese na Levanzu na Siciliji.

Niti jedan drugi materijal nije pratio povijest čovjeka poput kamena. Poveznica započinje konstrukcijom alata i nastavlja se danas podizanjem zgrada koje dodiruju oblake.

Simbol kamena nalazimo i u alkemijskoj praksi koja je usmjerena na potragu za Filozofskim kamenom, sposobnim za pretvaranje olova u zlato, ali i za podizanje čovjeka iz njegove sirove prirode u višu duhovnost.

U svim kulturama čovjek se doživljava kao da poseže za nebom s kojeg potječe. Čovjek je samo privremeno odvojen od svemira, s obzirom na njegovu smrtnu narav, ali neprestano traži most koji ga ponovno spaja s vječnošću iz koje dolazi.

Često kamenje postaje most koji pogoduje tom kontaktu. U ovoj perspektivi mogu se vidjeti megaliti.

Kamenje postavljeno kao pojedinačni elementi ili u krugovima (kromleh) kao u Stonehengeu, u Engleskoj, ili opet u poravnanjima kao u Carnacu u Francuskoj, ima moć kataliziranja energije svemira. (Vidi sliku 28).

Ova energija, koja dolazi iz cjeline, odnosno iz nelokalnosti, generira lokalna polja sila u koja se čovjek može uroniti kako bi bio povezan s univerzalnom silom, božanskom.

Polja sile koja generiraju ta mjesta često imaju izvrsne iscjeliteljske sposobnosti, makar samo zbog činjenice da psihološka dobrobit stvara i fizičku dobrobit.

Pierre Teilhard de Chardin i "Omega Point".

Pierre Teilhard de Chardin bio je jezuitski svećenik, rođen u Francuskoj, u Orcinesu, 1881. Poznat prije svega kao znanstvenik evolucionist, razradio je nekoliko teorija među kojima je važna ona koja se odnosi na "Noosferu".

"Noosfera" je pojam koji potječe od grčke riječi "nous", što znači um i "sfera", u smislu biosfere ili biološkog polja.

Za Teilharda de Chardina "Noosfera" je kolektivna svijest ljudskih bića koja proizlazi iz interakcije između svih ljudskih umova. Kako je organizacija ljudske vrste napredovala, noosfera se razvila u neku vrstu rezonancije.

Koncept zasigurno ima snažne analogije s Jungovom kolektivnom podsviješću i Sheldrakeovim formiranjem "morfičkih polja".

Što se više čovječanstvo organizira povećavanjem svoje složenosti, to se noosfera više oblikuje. Znanstvenik je tvrdio da će se "Noosfera" širiti, sve većom rezonancijom i integracijom, sve dok ne dosegne ono što je nazvao Omega Točka,

Ovo je maksimalna razina složenosti i svijesti prema kojoj svemir teži u svojoj evoluciji.

Objavljivanje njegovih djela izazvalo je žestoke kontroverze u katoličkim krugovima, također zbog kontrasta između konzervativaca i inovatora u razdoblju koje je prethodilo Drugom vatikanskom koncilu.

Doista, Teilharda de Chardina optuživali su za herezu, točnije za panteizam, istu optužbu zbog koje je Giordano Bruno spaljen na lomači.

Kao i obično, Crkva je pokazala da uvijek slijedi korak u bavljenju znanošću, pa osude toliko revnih, koliko i improviziranih sudaca, moraju razmotriti reflektivniji i prosvijetljeniji umovi.

Doista, u novije vrijeme teorije Teilharda de Chardina pozitivno su ponovno ocijenjene. Papa Pavao VI., U govoru o odnosu znanosti i vjere, pohvalio je njegovo djelo i naznačio ga kao znanstvenika koji je u proučavanju materije uspio ponovno otkriti Duh.

Također je dodao da De Chardinova teorija nije negirala Boga, već je podržavala "prisutnost Boga kao inteligentnog i stvoriteljskog principa".

Nakon toga, kardinal Ratzinger, kasnije papa Benedikt XVI., Priznao je da je jedan od glavnih dokumenata Koncila, enciklika "Gaudium et Spes", snažno prožeta mišlju francuskog isusovca. Dalje je izjavio da je njegova vizija uvod u "veliku kozmičku liturgiju".

# Peti dio. Čuda kvantne fizike.

*I have yet to see any problem,*
*however complicated, which,*
*when looked at in the right way*
*did not become still more complicated.*
*(Poul Anderson, writer)*

*Svaki komplicirani problem, analiziran na pravi način,*
*postaje još složeniji. (Poul Anderson, književnik)*

Vrijeme, udaljenost, "kvantna nelokalnost".

Prije nego što se pozabavimo temom koja se odnosi na fenomen zvan "kvantno zapletanje", korisno je imati ideju o dimenzijama u kojima se krećemo. Živeći na fizičkoj razini, navikli smo mjeriti vrijeme na skali koja se kreće od sekundi do stoljeća, a čini nam se da je udaljenost između dvije krajnosti ogromna.

Zapravo, stoljeće sadrži 876 000 sati, pa prema tome, uzimajući u obzir da se sat sastoji od 3600 sekundi, stoljeće se sastoji od otprilike 3 milijarde i 154 000 sekundi.

Međutim, ako pokušamo pomisliti da se vrijeme u astronomiji broji milijardama godina (milijarda godina je deset milijuna stoljeća), možemo dobro vidjeti da mjerne jedinice koje se obično koriste nisu dovoljne.

Isto se može reći i za udaljenosti: obično razmišljamo u milimetrima, metrima ili kilometrima. Međutim, ako želimo vršiti mjerenja u galaksiji ili u jezgri atoma, shvatit ćemo da ove mjerne jedinice nisu primjerene.

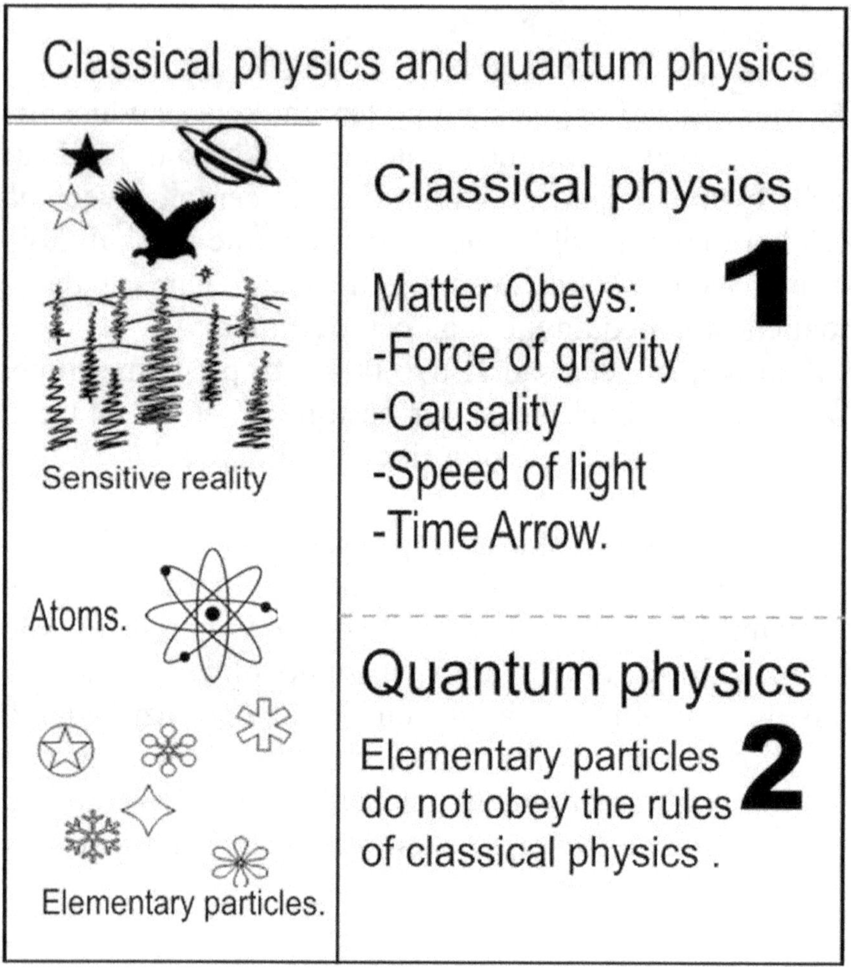


*Slika 29. Do prije nekoliko godina poznavali smo samo klasičnu fiziku. Sad je postalo jasno da postoji još jedna razina, ona elementarnih čestica. Na ovoj razini pravila klasične fizike više ne vrijede.*

*1 Klasična fizika, materija poštuje mnoge zakone: silu gravitacije, uzročnost, brzinu svjetlosti, smjer vremena.*

*2 U kvantnoj fizici elementarne čestice ne poštuju ove zakone.*

Sinkroniciteti se događaju u pravo vrijeme.

U Pismu Hebrejima, biblijskom tekstu koji se u prošlosti pripisivao svetom Pavlu, autor navodi da je Krist "... kad je došla punina vremena, došao na svijet da izbriše grijeh žrtvujući sebe" (Heb 9, 26b)

U jednom od svojih razgovora poznati talijanski biblijski egzeget, Gianfranco Ravasi, istaknuo je da se, bez prejudiciranja svih teoloških implikacija, izraz "punina vremena" može razumjeti i u najprikladnijem značenju, sa značenjem "na pravo vrijeme ". Po Ravasijevom mišljenju, trenutak kada se Isus rodio bio je apsolutno povoljan za širenje Evanđelja: Rimsko je carstvo izgradilo ceste na svim svojim teritorijima, uvelike olakšavajući kretanje ljudi i, zajedno s njima, nove ideje.

Zadatak koji je Isus dao svojim učenicima "Idite po cijelom svijetu i propovijedajte Evanđelje svim stvorenjima" (Mk 16,15) uvelike je olakšana tadašnjom svjetskom situacijom: goleme teritorije praktički u miru i lako dostupne.

Znamo da arhetipovi, odnosno „ideje“ prisutne u kolektivnom nesvjesnom čovječanstvu, međusobno djeluju i jačaju se sa savjestima i namjerama čovjeka.

| Human evolution | | |
|---|---|---|
| From four million years to 10,000 years ago **1** |  | Stone Age in its various stages |
| From 10,000 to 200 years ago **2** | 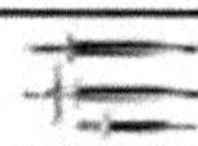 | Age of metals |
| From 1800 **3** |  | Industrial Revolution |
| From 1900 **4** |  | Computer revolution |
| Next evolutionary step **5** |  | Science that unifies matter and psyche |

*Slika 30. Trebalo je neizmjerno puno vremena da se pokrene evolucijska sinkronost koja bi omogućila prijelaz iz kamenog doba u doba metala. U posljednjim stoljećima sinkroniciteti su poprimili frenetični trend.*

*1 Kameno doba traje milijune godina i završava tek prije 10 000 godina.*

*2 Starost metala traje od prije 10 000 do 2 000 godina.*

*3 Industrijska revolucija započinje tijekom 19. stoljeća*

*4 Informacijska revolucija započinje u 20. stoljeću*

*5 Sljedeći će evolucijski korak uključivati suradnju između materijalne i psihičke komponente svemira.*

Kršćanstvo se brže širilo jer su se očekivanja novih vjernika neprestano povećavala i odjekivali su idejom kršćanstva prisutnom u ne-lokalnom.

Sve veći broj vjernika bio je multiplikator. Naravno, prema kršćanskoj vjeri, "ne-lokalna" dimenzija podudara se s djelom Duha Svetoga, koji pomaže i vodi učenike u njihovom propovijedanju.

Možemo zamisliti još jedan primjer "najprikladnijeg vremena" ako procijenimo vremena ljudske evolucije. Dobe čovjeka možemo podijeliti u kameno, bakreno, brončano i željezno doba.

Ako popisamo ove dobi na ovaj način, nemamo percepciju njihovog trajanja. Zapravo, kameno doba započinje prije 3-4 milijuna godina, a prije samo 10-12.000 godina dogodile su se promjene koje su dovele do bakrenog doba: prije 5.000 godina do brončanog doba. Željezno doba dolazi prije 3.000 godina. (Vidi sliku 30)

Kameno doba trajalo je neizmjerno duže od svih narednih doba. Zašto je čovjek ostao toliko dugo u svojoj ranoj dobi, više od tri milijuna godina, prije nego što je napravio prvi evolucijski korak u bakrenom dobu? To je pitanje na koje moderna paleontologija ne može odgovoriti.

Pustimo se u hipotezu: u cijelom tom vrlo dugom razdoblju ljudi nisu željeli, nisu se namjeravali razvijati, možda nisu niti zamišljali mogućnost, jer još nisu imali savjest dovoljno spremnu da izraze namjere.

Možda ih je bilo i toliko malo da nisu mogli razviti takvo polje sile da induciraju sinkronicitete koji mogu pogodovati evolucijskom razvoju.

U određenom trenutku, povećani broj i neke povoljne okolnosti uspjeli su pokrenuti polje sile dovoljno za interakciju s arhetipom kulturnog razvoja.

Od tog trenutka evolucija je bila vrlo brza, brzo prelazeći iz bakrenog u brončano, a zatim u željezno doba.

Danas živimo u doba silicija, odnosno doba informacija. Danas imamo komunikacijske alate za brzo širenje novih ideja, sposobnih generirati polja snage i očekivanja s obzirom na najnaprednije granice znanja.

Polja sile koja se danas pojavljuju mogu se proširiti i promijeniti evolucijski put čovječanstva za nekoliko desetljeća, a ne više za milijune godina.

Vrijeme u kojem živimo sigurno je pravo vrijeme da nove ideje povezane s napretkom kvantne fizike, poput kvantne zapletenosti, uhvate i poremete sva stara vjerovanja o stvarnosti svemira.

Zapravo, kvantno zapletanje predviđa stvarnost koja se više ne sastoji samo od materije, već od materije i psihe. Isprepletenost ponovno procjenjuje i aktualizira sve misli i intuicije koje čovječanstvo nikada nije moglo isprobati, čak iako je uvijek osjećalo da su istinite.

Kvantna zapletenost počinje stvarati stvarne i uvjerljive dokaze. Širom svijeta stvara se mreža "branitelja" ove nove znanosti koja je sposobna stvoriti polje snage dovoljno da svaki dan ojača istu ideju.

Kvantna zapletenost razvila se u nekoliko godina kroz nevjerojatan niz sinkroniciteta.

Sastanak koji se dogodio u pravo vrijeme.

Jednog hladnog popodneva u siječnju 1932. godine, čovjek skromnog izgleda pokucao je na vrata ureda poznatog psihoterapeuta toga doba.

Odlučio je poslušati savjet svog oca, zabrinut za svoje mentalno zdravlje i potražiti skrb stručnjaka. Doista, taj je čovjek prolazio kroz vrlo težak trenutak u svom životu.

Rođen je u Beču početkom 1900-ih godina. Uskoro bi napunio trideset godina s izrazitim osjećajem da je u životu učinio vrlo malo. Zbog mnogih tragičnih događaja koji su ga uključili zapao je u ozbiljno psihičko stanje.

Značajno je da je četiri godine ranije njegova majka počinila samoubojstvo, a nakon toga se razvela od supruge, pjevačice u kabareu, nakon braka koji je trajao nekoliko tjedana.

Sve ga je to navelo da postane alkoholičar, pa se često znalo dogoditi da ga kasno u noć izbace iz raznih mjesta koja je posjećivao, gdje je bio dobro poznat, jer je smetao ostalim kupcima.

Između ostalog, ova navika učinila ga je razdražljivim i također u radnom okruženju. Ovdje nije mogao biti srdačan u odnosima s drugima.

U svojim bilješkama psihoterapeut opisuje svoj susret s tim čovjekom na ovaj način:

*"Imao sam pacijenta, sveučilišnog profesora. Bio je vrlo mono-orijentiran intelektualac.*

*Njegova je nesvijest postala problematična i vrlo aktivna. Projektirao se na druge muškarce koji su mu se činili neprijatelji. Osjećao se užasno sam, jer činilo se da su svi protiv njega.*
"

Psihoterapeut se zvao Carl Gustav Jung, a pacijent Wolfgang Pauli. (Vidi sliku 31). Od tog sastanka, ubrzo ojačanog prijateljstvom zbog zajedničkih kulturnih interesa, razvila se intenzivna suradnja između njih dvoje.
Ustvari, usprkos svojim psihičkim problemima, Pauli je bio briljantni znanstveni um, toliko da je 1945. godine dobio Nobelovu nagradu za svoje otkriće ključno za razvoj kvantne fizike, dobro poznati princip zvan "Pauli isključenje".
Sastanak njih dvojice nije se dogodio slučajno, ali to je bila iznimno precizna sinkronizacija za to vrijeme i vodilo je cijelo čovječanstvo prema trenutnim saznanjima o stvarnosti svemira.
Jung i Pauli kombinirali su dvije teorije. Prvu, teoriju arhetipova i kolektivnog nesvjesnog, razvio je Jung. Ova je teorija bila predmet Paulijeve znanstvene točnosti i rigorozne metodologije. Pauli je također usporedio Jungovu teoriju s načelima kvantne fizike. Većina sadržaja u ovoj knjizi temelji se na rezultatima njihove suradnje.
Pauli zaslužuje snove zbog mnogih pozitivnih rezultata svojih studija. Tvrdio je da je dobio mnogo korisnih nadahnuća u snovima.

*Slika 31. Wolfgang Pauli, 1945. Nobelova nagrada za fiziku.*

*Pauli efekt.*

Pauli je među svojim suputnicima bio poznat po vrlo posebnoj osobini.

Kaže se da se, kad je Pauli ušao u istraživački laboratorij, uvijek nešto dogodilo. Na primjer, bilo je alata koji su prestali raditi, predmeti koji su se razbili, drugi koji su pali na tlo ili eksplodirali.

Mnogi su fizičari odlučili da ga uopće ne puštaju i da izmišljaju najmaštovitije izgovore. Ali to su učinili bez da su mu rekli, iz poštovanja prema njemu.

Samo je njegov kolega Otto Stern otvoreno najavio zabranu kao neopozivu odluku. Svakako je oko Paulija stvoreno polje psihokinetičkih sila. Ovo polje može utjecati na čvrste tvari.

Ovom Paulijevom efektu svjedoče mnogi njegovi kolege. Jedan od njih, J. Frank, napisao mu je da mu je jedna oprema u Göttingenu propala. Ali nije mogao kriviti Paulija, jer Pauli je toga dana bio odsutan.

Pauli je odgovorio da je putovao u vrijeme nesreće i da mu se vlak zaustavio točno na stanici Göttingen.

Unatoč tim folklornim razmatranjima, Pauli je bio jedan od vodećih mislilaca kvantne mehanike, zajedno s Bohrom, Heisenbergom, Diracom i drugima.

Pauli je brzo postao poznat po svojim osnovnim i originalnim doprinosima kvantnoj teoriji polja.

Njegov princip isključenja (koji mu je donio Nobelovu nagradu) bio je temelj teorija koje su mu omogućile eksperimentiranje s fenomenom kvantne zapletenosti.

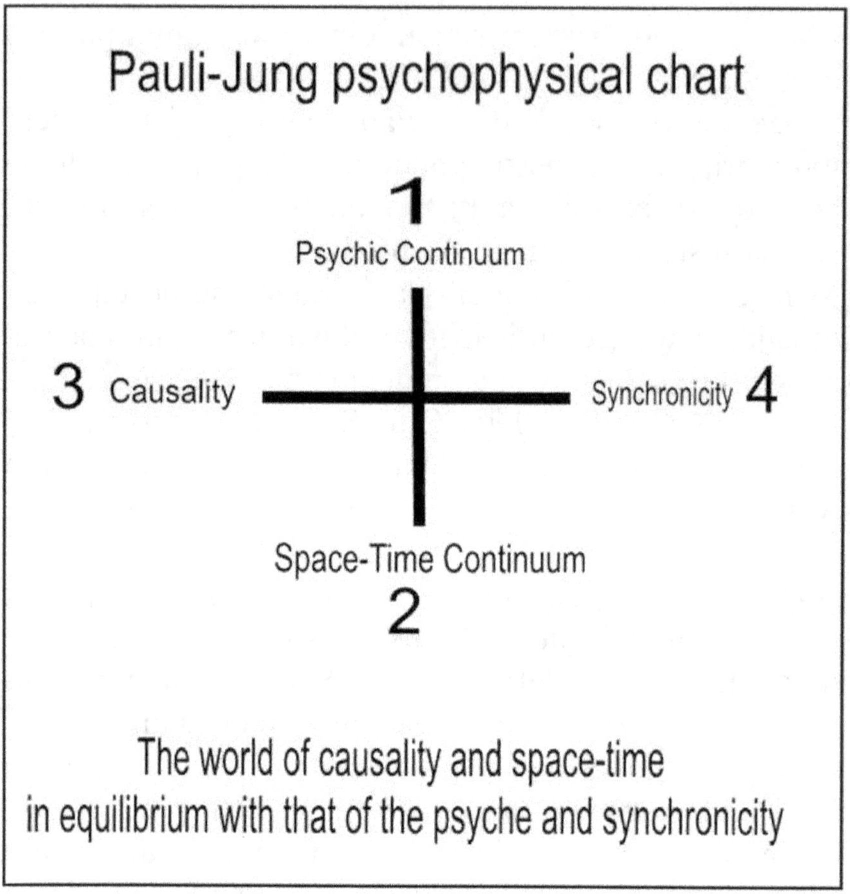


*Slika 32 Psihofizički dijagram koji su pripremili Wolfgang Pauli i Carl Gustav Jung.*

*1-2 Dvije okomite ruke predstavljaju svijet psihe, u ravnoteži sa svijetom materije.*

*3-4 Lijevo i desno na grafikonu su "slučajnost" i "sinkronicitet" u ravnoteži.*

Albert Einstein uvijek ga je duboko cijenio. Kad je bio prisutan dodjeli Nobelove nagrade, tvorac teorije relativnosti nazvao ga je "mojim duhovnim sinom".
Duga suradnja navela je Junga i Paulija da razviju psihofizički dijagram prikazan na slici 32.

*Psihofizički mdijagram za Paulija i Junga.*

Na lijevoj i desnoj strani grafikona slučajnost i sinkronicitet uravnoteženi su. Na taj način žele obilježiti suradnju između Newtonove fizike. i princip sinkroniciteta.
Prema kauzalnosti, svaki je događaj povezan s uzrokom koji ga je generirao. S druge strane, sinkronicitet se uvijek odnosi na apsolutno nepovezane događaje.
Dva okomita kraka predstavljaju svijet psihe, odnosno nelokalni, koji je uravnotežen fizičkim kojim se upravljaju dimenzijama prostora i vremena.
Ovaj dijagram potvrđuje da se stvarnost ne sastoji samo od materije već od materije i psihe. Materija i psiha trebaju jedno drugo. Psihička stvarnost ne može postojati ako se ne može manifestirati u materijalnoj stvarnosti i obrnuto.

## "Kvantne zavrzlame"

Sva nova otkrića, posebno kvantno ispreplitanje, nastoje dokumentirati postojanje "supstrata" koji povezuje svu stvarnost u kojoj živimo.

Sinteza kvantne zapletenosti upravo je ovo: cijeli je svemir međusobno povezan kroz dimenziju u kojoj signali i informacije putuju bez ograničenja prostora i vremena.

Na razini elementarnih čestica to se jasno pokazuje. Zaključak koji možemo izvesti jest da je, budući da se cijeli svemir sastoji od elementarnih čestica, cijeli svemir međusobno povezan.

Ispitujući stvarnost sa stajališta kvantne mehanike, vidimo da bi mnogi fenomeni, koji su se prije smatrali nemogućim, zapravo mogli postojati.

Govorimo o telepatiji, vidovitosti, telekinezi i svim onim pojavama poznatim kao "znatiželjne slučajnosti". To su značajne slučajnosti koje je psiholog Carl Gustav Jung, zajedno s fizičarom i nobelovcem Wolfgangom Paulijem, katalogizirao imenom "sinkronicitet".

Netko će biti skeptičan, tvrdeći da znanstveno besprijekorna teorija poput kvantne zapletenosti ne može biti "prljava" povezivanjem s psihičkim fenomenima.

Međutim, to je slučaj i dvije su stvarnosti apsolutno kompatibilne.

Struktura stvarnosti protumačena s kriterijima kvantne fizike i svojstva psihičkih fenomena mogla bi se činiti svjetlosnim godinama daleko. Umjesto toga, dijele značajke s doista impresivnim sličnostima i kompatibilnošću.

Zapletenost je svojstvo kvantne teorije potvrđeno mnogim eksperimentima.

Sa svoje strane, Albert Einstein nije prihvatio ovu novinu jer je vjerovao da je u suprotnosti s njegovom teorijom relativnosti. Stoga je Einstein zamislio eksperiment kako bi pokazao nedosljednost kvantnih teorija.

Ovaj dobro poznati eksperiment, poznat kao EPR od imena trojice znanstvenika koji su ga predložili (Einstein, Podolski, Rosen), bio je misaoni eksperiment, podložan netočnostima. Kako se tehnika poboljšavala u 1980-ima, eksperiment je praktički izveden više puta. Svaki put kada je eksperiment potvrdio teoriju "kvantnog zapletanja". Tako su se Einsteinove sumnje pokazale neskladne.

*Tamo gdje se rađa „kvantna spletka“. Elementarne čestice..*

Prepletenost je pojava koja se javlja na razini elementarnih čestica. Prvi korak ka razumijevanju ovoga jest razjasniti što je elementarna čestica.

Upućujemo na najpoznatiju kategoriju čestica, elektrone, koja pripada kategoriji leptona. Kao što je poznato, elektroni su vrlo male čestice s negativnim električnim nabojem.

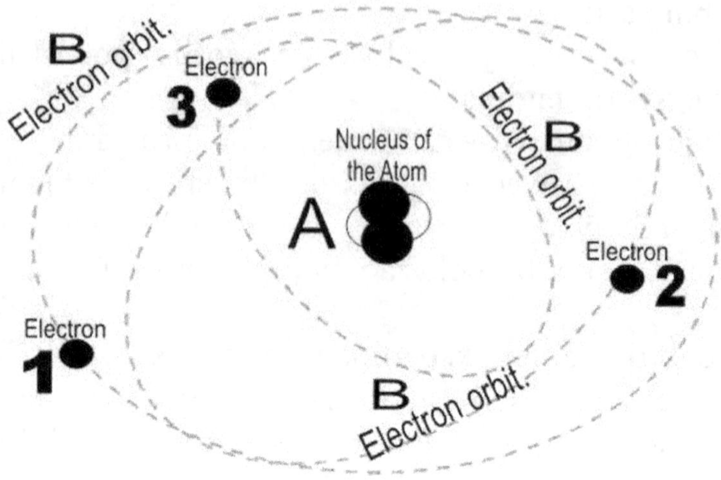


Exemghting an atom.
(nucleus, electrons, electron orbits).

The electron 1 (outermost) has an energy greater than 2 and 3, to remain in orbit around the nucleus.
Electron 2 has an energy greater than 3, but less than 1.
Electron 3 has less energy than 2 and 1

*Slika 33. Elektron ima dovoljno energije da se može okretati oko jezgre. Što je njegova orbita više vanjska, odnosno, što je udaljenija od jezgre, to je veća energija koju posjeduje.*

*A - Nukleus atoma.*

*B - Elektronske orbite*

*1 Elektron koji se okreće na najudaljenijoj orbiti ima veću energiju od elektrona 2 i 3 koji se okreću na orbitama bliže jezgri atoma.*

*2 Elektron 2 ima energiju superiorniju od one koju posjeduje elektron 3. Međutim, njegova je energija niža od one koju posjeduje elektron 1.*

Elektroni kruže oko središnje jezgre atoma (sastavljene od protona i neutrona). Ova jezgra ima pozitivan električni naboj, elektroni imaju negativni električni naboj.

Kretanje elektrona stvara magnetsko polje i odgovorno je za električnu vodljivost i toplinu. Ali osobina koja nas najviše zanima je da elektron, reagirajući na promjene u svojoj energiji i ubrzanju, emitira fotone.

Foton je kvant svjetlosti. Da objasnimo koncept "koliko", uzmimo primjer i zamislimo da odemo u supermarket da kupimo malo sira.

Možete tražiti 100 grama, 200 ili 300 grama, ili čak 150 grama. Polaznik će izrezati nekoliko kriški stavljajući ih na vagu, a zatim će reći: "Ima još 10 grama, hoću li ih ostaviti?" Plaćate po težini i sretno napuštate trgovinu.

Ako idete kupiti fotone, to ne ide tako. Foton ima vlastitu težinu, koja se ne naziva "kilogram" ili "hektogram", već "koliko". Foton je "kvant". To je jedina moguća mjera. Ne postoje višekratnici ili podmultiplovi "kvanta"

Vratimo se našem elektronu. Rekli smo da na promjene u svojoj energiji reagira emitirajući fotone. Dakle, naš je cilj napraviti fotone koji emitiraju fotone kako bi razumjeli zapletenost. Prvi korak je mijenjanje energije elektrona, da vidimo kako to možemo učiniti.

Atom je okružen s mnogo elektrona, ovisno o elementu u kojem je dio.

Elektroni se okreću u orbitama raspoređenim oko jezgre. Njihova razina energije ovisi o tim orbitama. Oni dalje od jezgre imaju više energije, oni bliže jezgri imaju manje energije. (Vidi sl. 33).

*Loše disciplinirani elektroni.*

Svako toliko, iz razloga koje nitko ne zna, elektron odluči prekinuti taj sklad i promijeniti orbitu. Odnosno, on odluči skočiti s vanjske na unutarnju orbitu.
U ovom je skoku, međutim, atom jako ograničen: ne može slobodno izvršiti mali skok, ili pola skoka ili duži skok: mora skočiti točno "kvant", jer su putanje poredane kvantnim redom.
Ako naš elektron skoči prema unutra kako bi se približio jezgri, u novoj orbiti više mu nije potrebna energija koju je prije posjedovao, jer najunutarnje orbite zahtijevaju manje energije.
Stoga će se elektron morati odreći dijela svoje energije. Točnije, elektron mora osloboditi "kvant" energije.
Što se događa s "koliko" energije koja je izgubljena? Postaje čestica, odnosno "foton". Kao što je već spomenuto, foton je točno "kvant" svjetlosti.
Činjenica da elektron mora skočiti precizno "koliko", ni više ni manje. određuje vrlo čudnu pojavu. Nikada nećete naći elektron "suspendiran u zraku" između jedne i druge orbite, to jest u srednjem položaju.
Elektron će odmah promijeniti orbitu bez ikakvog prijelaza. Nema prostora za prijelaz. Nema vremena za skok. Sada je elektron ovdje, ali sada je već na drugom mjestu i sada postoji novi foton. (Vidi sliku 34).

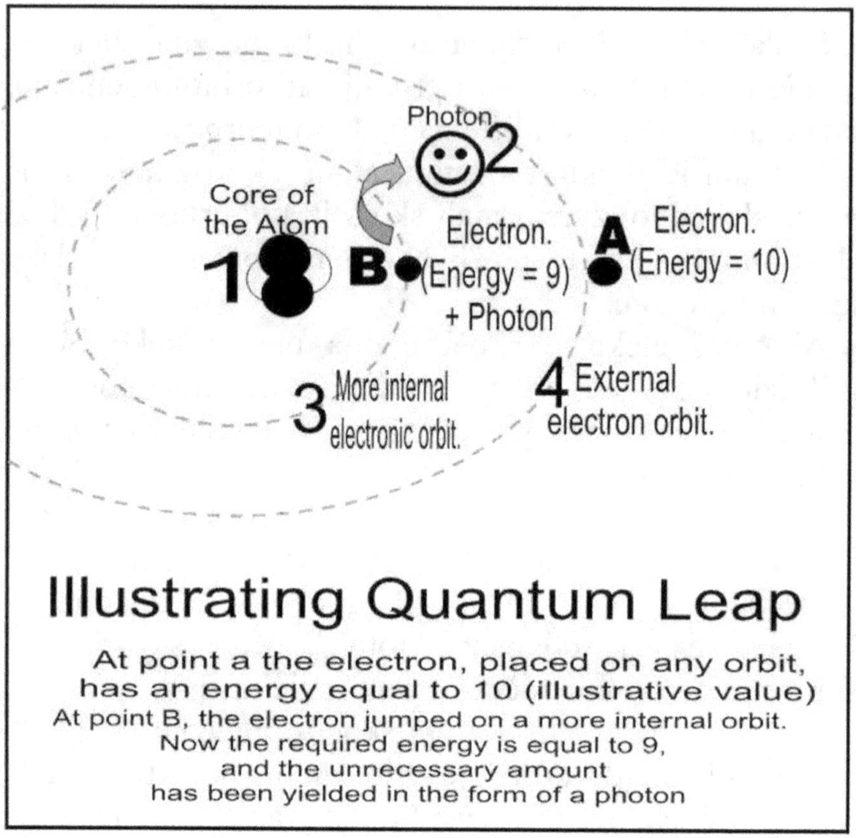


*Slika 34. Kvantni skok. Elektron koji skoči na orbitu bliže jezgri gubi energiju i oslobađa je u obliku fotona.*

*1- Nukleus atoma.*

*A) - Elektron smješten na orbiti 4. Zamislimo da je njegova energija jednaka 10.*

*B) - Elektron A skače u orbitu 3, koja je više unutarnja. Na taj način oslobađa "kvant" energije. Oslobođena energija pretvara se u foton.*

Napravili smo značajan iskorak, ali potreban nam je još jedan, vrlo mali. Da bismo procijenili što je upletenost, trebaju nam najmanje dva fotona, jer se upletenost sastoji upravo u odnosu dviju čestica ili više od dvije.

*Kvantno isprepletanje rađa se između dva "blizanca" fotona.*

"Kvantno preplitanje" nastaje između dva "blizanačka" fotona, odnosno dva fotona rođena iz istog događaja.

Jako dugo neslaganje nastalo je između onih koji su vjerovali u postojanje posebnih odnosa između fotona emitiranih kvantnim skokom i onih koji su, s druge strane, bili sumnjičavi.

Među skepticima bio je i Einstein koji je zajedno s još dvojicom znanstvenika (Podolskim i Rosenom) 1935. osmislio misaoni eksperiment kako bi pokazao nemogućnost teorija predviđenih kvantnom mehanikom.

Einstein je ponašanje čestica na kvantnoj razini nazvao "užasnim radnjama na daljinu" i snažno ih porekao.

Misaoni eksperiment je eksperiment koji se ne provodi u praksi, već se samo zamišlja. Stoga su rezultati teoretski i ne mogu se provjeriti.

Eksperimenti s mišlju koriste se kada tehnička sredstva za njihovo provođenje u praksi ne postoje ili ako ekonomska sredstva nisu dostupna.

Gotovo trideset godina kasnije, John Stewart Bell, u članku pod naslovom "O paradoksu Einstein-Podolsky-Rosen", podržao je Einsteinove ideje.

Bell je istaknuo da je nelokalni karakter kvantne mehanike nespojiv s fizičkom stvarnošću. Zaključio je da ako se čini da se to dogodilo, to je zato što su studije bile nepotpune.

Bell je tvrdio da sigurno nedostaje računajućih elemenata, jer je zapletanju bilo nemoguće posjedovati karakteristike koje su mu se pripisivale.

Međutim, Bellov članak ostavio je mogućnost provjere jer je predložio novi eksperiment, pojednostavljenu verziju EPR eksperimenta, koji bi se mogao provesti mjerenjem polarizacije fotona.

Možda Bell ovo nije očekivao, ali netko mu je povjerovao na riječ i predloženi eksperimenti su izvedeni. Od 1980-ih mnogi su ponovljeni.

Svi ovi eksperimenti dokazuju da na kvantnoj razini lokalizam klasične fizike više ne vrijedi i preuzimaju nelokalna svojstva. Predviđanja koja se odnose na karakteristike zapletenosti potvrđena su u laboratoriju.

Pokus Alain Aspect.

Alain Aspect prvi je prihvatio Bellov izazov i izveo eksperiment koji je potvrdio "nelokalnost" "zapletenih" čestica.

Stvari nisu išle onako kako su mislili Einstein i Bell. 1982. Aspect je objavio svoje rezultate, koji su definitivno utvrdili kako je kvantnom stvarnošću upravljalo nelokalnost.

Aspectov eksperiment sastojao se u stimuliranju atoma tako da on emitira dva fotona usmjerena u različitim smjerovima. Kao izvor fotona koristio je snop atoma kalcija. Atome je pobudio laser, koji je prisilio elektron iz svakog atoma da skoči za dvije orbite prema unutra.

Kad je elektron smanjio potrebnu energiju, približavajući se jezgri za dvije razine, emitirao je par fotona, odnosno dva kvanta svjetlosti.

Ovi fotoni rođeni iz istog kvantnog skoka, tj. Iz istog elektrona, nazivaju se "korelirani fotoni". Možemo ih smatrati dvoje blizanaca rođenih zajedno od iste majke.

Ova dva fotona blizanca ponašaju se u skladu s karakteristikama nelokalnosti o kojima smo govorili u prethodnim poglavljima i potvrđuju nelokalnost kvantne razine.

Nelokalnost znači da na toj razini više ne postoje ni vrijeme ni prostor: energija i informacije ne putuju unaprijed zadanom brzinom, najviše brzinom svjetlosti.

Zapravo, uopće ne putuju: istodobno su tu i tamo. Oni žive u vječnom "sada", jer na ne-lokalnoj razini nema ni prije ni poslije.

Ova nevjerojatna svojstva jasno pokazuju zašto se takozvana teorija "kvantnog zapletanja" suočila s toliko poteškoća da se uspostavi.

Danas, nakon četrdesetak godina, eksperiment Alaina Aspecta ponovljen je na bezbroj načina i prilika. Došlo je do stvaranja "zapletenosti" ne samo između dvije, tri ili više čestica, već nedavno i između milijuna čestica.

*Načelo kvantne zapletenosti.*

Ako promatramo dva fotona stvorena zajedno, primjećujemo da oni održavaju tajanstvenu vezu između sebe, kao da su dva ljudska blizanca. Ali ne baš kao dva ljudska blizanca: puno više.

Prema pravilima fizike, svaki foton može imati vrijednost, nazvanu "spin". Na matematičkoj razini, vrijednost spina dva fotona jednaka je "jednoj polovici" i može biti pozitivna (+1/2) ili negativna (-1/2).

To su suprotne vrijednosti. Da bismo se bolje razumjeli, dat ćemo primjere zamišljajući da se dva fotona nazivaju Peter i Antoinette, odnosno da su jedan muški, a drugi ženski.

Jednom generirana, dva fotona odlaze u dva suprotna smjera, svaki za sebe. Za sada, jedina veza koju pripisujemo dvama fotonima je ta da su rođeni od istog oca (ili majke, ako želite) elektrona. Dakle, kaže se da su "povezani".

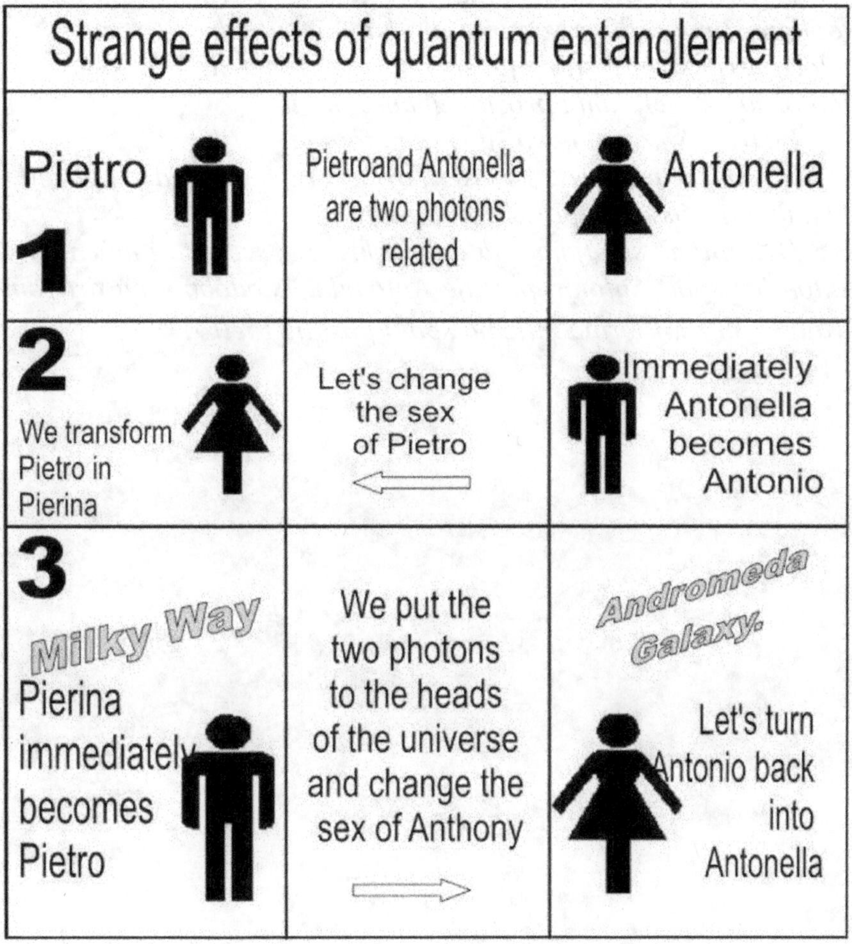
Strange effects of quantum entanglement
Pietro
1
Pietroand Antonella are two photons related
Antonella
2
We transform Pietro in Pierina
Let's change the sex of Pietro
Immediately Antonella becomes Antonio
3
Milky Way
Pierina immediately becomes Pietro
We put the two photons to the heads of the universe and change the sex of Anthony
Andromeda Galaxy.
Let's turn Antonio back into Antonella

*Slika 35. Dva srodna fotona, čak i ako su odvojena ogromnim udaljenostima, i dalje se ponašaju kao da su jedno. To potvrđuje nelokalnost stvarnosti koja se naziva "zapletena", a koja nije podložna vremenskim i prostornim pravilima.*

*1 Pietro i Antonella dva su srodna fotona*

*2 Promijenimo spol Pietra, koji postaje Pierina. Antonella odmah mijenja spol i postaje Antonio.*

*3 Dva fotona stavljamo na daleke krajeve svemira i mijenjamo Antonijev spol. Antonio postaje Antonela. Istodobno, na drugom kraju svemira, Pierina mijenja spol i postaje Pietro.*

Što će se dogoditi ako natjeramo Pietra da promijeni spol tako da postane Pierina?

Odmah i Antonietta mijenja spol i postaje Antonio!

Možda mislite: Elementarno, Antonietta je bila vrlo bliska s Pietrom, pa je to primijetila i promijenila spol, kao reakciju na šok.

Ali ako ponovimo eksperiment zadržavajući Pierinu ovdje i premještajući čovjeka Antonija na drugi kraj svijeta, isto se događa.

Tada bi promatrač mogao prigovoriti:

- Međutim, ako je Antonio bio na drugom kraju svijeta, promjenu će primijetiti tek nakon određenog vremena.

Pogrešno. Antonio mijenja spol istovremeno s Pierinom. Nema kašnjenja. Nije važno na kojoj se udaljenosti nalaze u svemiru. (Vidi sl. 35).

*Promiskuivne navike upletenih fotona.*

Zamislimo sada da Pietro mora na poslovni put. Ostavit će Antoniettu kod kuće same. Na svom putu upoznaje Luiginu, koja je dio drugog para. Zapravo, Luigina je "upletena" u Marca.

Kako se to događa, istovremeno je i Marco vrlo daleko od Luigine. (Vidi sliku 36). Bit će to simpatija, bit će to udaljenost, Pietro i Luigina međusobno se "zapliću".

Mislite li da će Antonella i Marco patiti od izdaje i da će se ljutiti od ljubomore? Nikako. Antonella se odmah "zaplete" s Marcom, iako ga u životu nije vidjela.

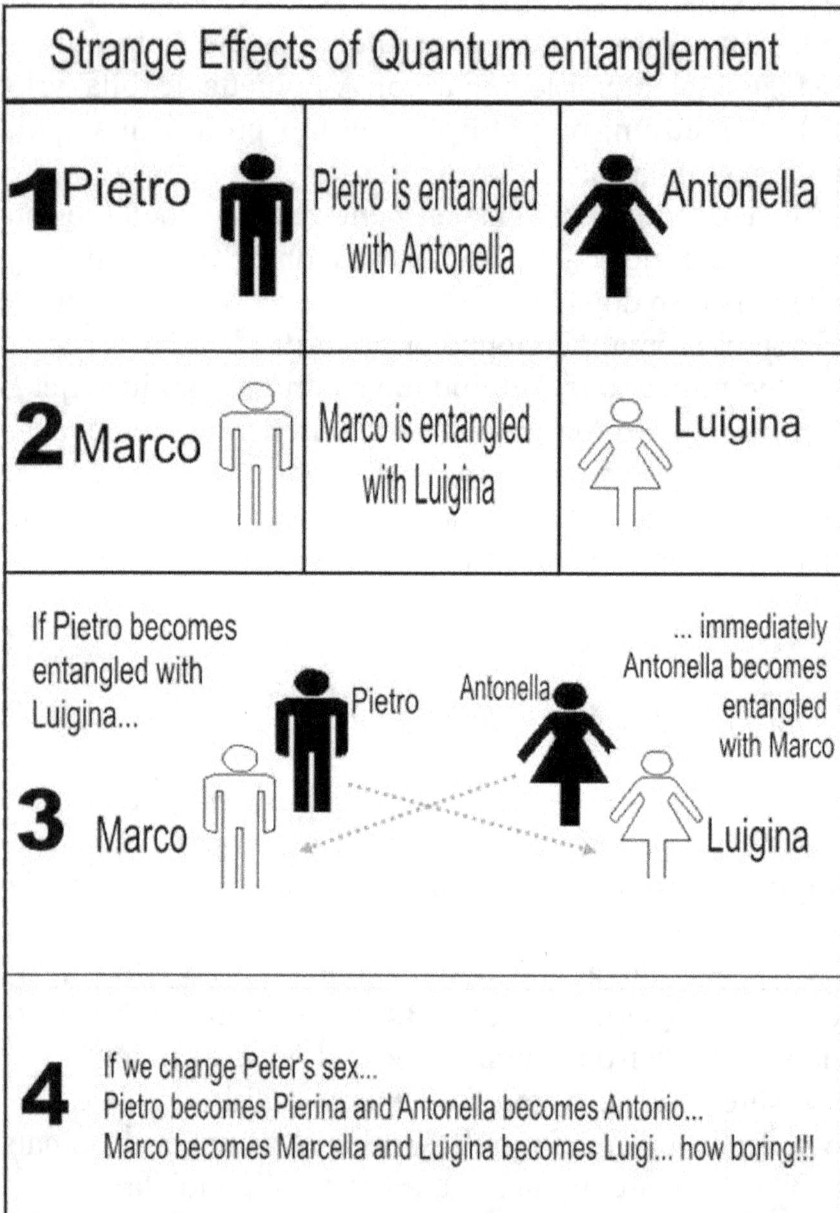
Strange Effects of Quantum entanglement
1 Pietro
Pietro is entangled with Antonella
Antonella
2 Marco
Marco is entangled with Luigina
Luigina
If Pietro becomes entangled with Luigina...
Pietro
Antonella
... immediately Antonella becomes entangled with Marco
3 Marco
Luigina
4 If we change Peter's sex...
Pietro becomes Pierina and Antonella becomes Antonio...
Marco becomes Marcella and Luigina becomes Luigi... how boring!!!

*Slika 36. Čudni učinci zapletenosti. Zaplet između više od dva srodna fotona.*

*1 Pietro je upetljan u Antonelu*

*2 Marko je zapetljan s Luiginom.*

*3 Ako se Peter zaplete s Luiginom, Marco se odmah zaplete s Antonelom.*

*4 Ako promijenimo Pietrov spol ... Pietro postaje Pierina, Anronella postaje Antonio, Marco postaje Marcella. Luigina postaje Luigi.*

*Sve jasno?*

Dakle, ako promijenimo Antonellin spol tako što ćemo je natjerati da postane Antonio, i Marco postaje Marcella, Pietro postaje Pierina, a Luigina postaje Luigi.

Komplicirano? Vjerojatno da, ali tako stvari djeluju između čestica.

Srećom, kažete, to se događa samo između dviju srodnih čestica. Naravno, ali zapravo su sve čestice svemira povezane, budući da su sve potjecale iz istog Velikog praska.

Zbog toga je u ne-lokalnom svemiru sve jedno, ništa nije neovisno. Svi smo povezani s cijelim svemirom. Na nelokalnoj razini ne postoje prepreke znanju niti vremenske prepreke. U ne-lokalnom, istovremeno je dostupno svo znanje o svemiru.

Uronjeni smo u ovo univerzalno znanje i dio smo toga. Nerijetko se događa da mrvice ovog znanja skliznu s ne-lokalnog na naš svjesni um.

Pitanje koje mnogi postavljaju jest: uzrokuju li sve te čestice koje "mijenjaju spol" bilo kakvu reakciju u svemiru? Definitivno ne.

Ono što smo kao primjer predložili kao promjenu spola, zapravo je promjena okretaja, odnosno inverzija smjera rotacije.

U kojem god smjeru se čestice okretale, one ne proizvode značajne učinke na funkcioniranje svemira, sve dok se i dalje okreću.

Uspostavili smo neke konvencije. Slijedom toga, stvari se moraju okrenuti u određenom smislu, samo zato što smo navikli vidjeti da se okreću ovako. Zamislite kuhara koji majonezu okreće zdesna ulijevo ili drugog kuhara koji je

okreće slijeva udesno. Mislite li da će se nešto promijeniti u konačnom rezultatu?
Ako odjednom vlada odluči da se kazaljke sata trebaju okretati u smjeru suprotnom od kazaljke na satu, odvija li se vrijeme drugačije?

Implikacije "kvantne zapletenosti".

Sve je tu kvantno zapletanje, ali da vidimo kakve su posljedice. Prvo je da se razbacuju najvažnija vjerovanja tradicionalne fizike.

1 - "! Kvantno zapletanje" negira determinizam

"! Kvantno zapletanje" poriče determinizam, odnosno mehaničko funkcioniranje svemira.
Uzročnost, koja je temeljno svojstvo klasične fizike, utvrđuje da se informacije, da bi mogle putovati između dvaju tijela, moraju prenositi fizičkim medijem.
Nadalje, brzina poruke nikada neće premašiti brzinu svjetlosti koja iznosi 300 000 kilometara u sekundi. Ali u zapletu nema žica koje povezuju Pietra i Antonelu. Nadalje, događaju se u istom trenutku, odnosno informacije putuju puno brže od svjetlosti.

2 - Kvantno zapletanje rastavlja strelicu vremena

Između radnje i njenog odgovora mora proći djelić vremena, čak i minimalno vrijeme, jer se prvo događaju činjenice, a zatim posljedice. Ali Antonellini odgovori na Pietra (ili obrnuto) ne trebaju puno vremena, oni se događaju u istom trenutku.

3 - Na ne-lokalitetu nema prostora i vremena

Elementarne čestice žive u dimenziji u kojoj vrijeme i prostor ne postoje: međusobno su isprepletene izvan prostora i vremena.

Kako je ovo moguće? Kako Antonella i Pietro primjećuju promjenu u drugoj čestici, odakle dolazi i kako se formira to znanje?

Jedan od odgovora predviđa da se njih dvoje razdvajaju samo izgledom, ali i dalje ostaju jedno kao što je bilo u elektronu koji ih je generirao.

Ili, unatoč razdvojenosti, ujedinjuje ih jedan veliki univerzalni Um kako bi mogli komunicirati kao da su još uvijek ujedinjeni u elektronu iz kojeg su rođeni. Oni nemaju dva odvojena "uma", ali dio su istog "uma". Nelokalna razina je sjajni, jedini um svemira.

Slika 37. Tri razine stvarnosti. Pozivajući se na eksperimentalne rezultate zapletanja, možemo sa sigurnošću potvrditi postojanje tri razine stvarnosti. Od tih razina, do prije nekoliko desetljeća, znali smo samo prvu.

1 Fizička razina, ili "svemir napravljen od materije".

Ova razina mora se pokoravati zakonima Newtonove fizike.

2 Kvantna razina subatomskih čestica. (Srednji svijet). Elementarne čestice materije ne poštuju zakone Newtonove fizike.

3 Razina "nelokalnosti". Ova je razina čisto psihička i ne poštuje nijedan zakon materije.

| The three levels of reality or cosmology of reality. | | |
| --- | --- | --- |
| 1 | 2 | 3 |
| Physical level or physical cosmos. | Quantum level or quantistic cosmos. | Non-local level or psychic cosmos |
|  |  |  |
| Level of things subject to the rules of time and space. | Middle Earth.<br><br>Things subject to non-locality rules. | Level of pure psyche not subject to the rules of time and space. |

*Slika 37. Tri razine stvarnosti. Pozivajući se na eksperimentalne rezultate zapletanja, možemo sa sigurnošću potvrditi postojanje tri razine stvarnosti. Od tih razina, do prije nekoliko desetljeća, znali smo samo prvu.*

*1 Fizička razina, ili "svemir napravljen od materije".*

*Ova razina mora se pokoravati zakonima Newtonove fizike.*

*2 Kvantna razina subatomskih čestica. (Srednji svijet). Elementarne čestice materije ne poštuju zakone Newtonove fizike.*

*3 Razina "nelokalnosti". Ova je razina čisto psihička i ne poštuje nijedan zakon materije.*

# Šesti dio. Izvansenzorne percepcije.

*"Science cannot solve the ultimate mystery*
*of nature. And that is because, in the last analysis,*
*we ourselves are a part of the mystery*
*that we are trying to solve."*
*(Max Planck, initiator of quantum physics)*

*"Znanost ne može riješiti najdublju tajnu prirode.*
*A to je zato što smo u konačnici i sami dio misterije*
*koje pokušavamo riješiti ".*
*(Max Planck, pokretač kvantne fizike)*

Govoreći o ekstrasenzornim percepcijama, uglavnom možemo postaviti tri pitanja:

- Postoje li stvarno?
- Kako nastaju?
- Što su to točno?

Ako uzmemo u obzir sve što smo do sada rekli, nema puno toga za reći o prva dva pitanja. Očito je da ekstrasenzorne percepcije zaista postoje. Javljaju se kao epizode komunikacije između pojedine savjesti i nelokalne razine.

## Šesto i sedmo osjetilo.

Uvijek su nam govorili, još od vremena Aristotela, da ljudsko tijelo ima pet osjetila: vid, sluh, dodir, okus, miris. Ta su osjetila ona koja nam omogućuju fizičko povezivanje sa okolnim svijetom i dobivanje korisnih informacija za preživljavanje.

U popularnoj mudrosti postoji i "šesto čulo". Šesto čulo ne treba fizičke posrednike (ruke, jezik, oči itd.) Da bi radilo svoj posao. Međutim, čini to vrlo dobro. Riječ je o intuiciji.

*Slika 38. Carl Gustav Jung formulirao je teoriju arhetipova i kolektivnog nesvjesnog.*

Intuicija je to bogatstvo znanja koje smo akumulirali u svom životnom iskustvu i ono nam često uspijeva sugerirati u što možemo vjerovati, a u što ne. omogućuje vam da odlučite što treba učiniti, a što ne. U konačnici nam pomaže shvatiti kako što manje riskirati u neizvjesnim situacijama.

Što je naše iskustvo veće, to više intuicije djeluje. Stoga intuicija, ako se s jedne strane može smatrati ekstrasenzornom jer nije posredovana niti jednim fizičkim organom, s druge strane to nije iz dva dobra razloga.

Prva je ta da ona našem znanju ne dodaje nepoznato i vanjsko znanje. Jednostavnije re-elaborira informacije koje već imamo. Drugi razlog je taj što intuicija prolazi kroz naš mozak koji ima vlastitu fizičku dosljednost.

Stoga šesto čulo racionalno djeluje na poznatim podacima.

Umjesto toga, "sedmo čulo" djeluje u našoj svijesti. Ovo čulo obrađuje informacije, na potpuno iracionalan i nepredvidljiv način. Ovo je informacija koja nam nikada nije ni prešla mozgom. Odnosno, sedmo čulo nas uvodi u stvarnosti potpuno strane našem svakodnevnom životu i našem iskustvu.

*Kozmos.*

Izraz "kozmos" u filozofiji znači uređeni ili harmonijski sustav. Podrijetlo riječi je grčki kósmos što znači red. U znanstvenom jeziku kozmos se smatra sinonimom svemira.

Kozmologija proučava materijalnu strukturu i zakone koji upravljaju svemirom zamišljenim kao uređena cjelina. Na filozofskom polju zanima ga svemir u odnosu na prostor, vrijeme i materiju.

Kozmologija ima svoja povijesna podrijetla u religijskim pripovijestima koje se bave podrijetlom svih stvari, te u velikim predmodernim filozofsko-znanstvenim sustavima, poput Ptolemejskog sustava.

S druge strane, moderna astronomska kozmologija znanost je koja proučava svemir u cjelini, njegovo podrijetlo i njegovu evoluciju. U tom je smislu usko povezan s filozofskom kozmologijom, ali nastoji ispraviti mnoge metafizičke ili religijske teorije o podrijetlu svijeta.

Kozmologija je trenutno fizikalna znanost u kojoj se konvergiraju razne discipline, poput astronomije, astrofizike, fizike čestica i opće relativnosti.

U ovoj knjizi govorimo o kozmosu okupljajući u ovom terminu skup svih stvarnosti:

- vidljivi svemir (fizički kozmos)
- razina elementarnih čestica (kvantni kozmos)
- razina nelokalnosti (psihički kozmos).

*Definicija ekstrasenzorne percepcije.*

Izraz sedmo čulo može dobro definirati neka svojstva koja su znanstveno poznatija više kao ekstrasenzorne percepcije ili ESP (skraćeno od Extra Sensory Perception). Ovi su:

- Prethodno znanje ili sposobnost predviđanja budućnosti.
- Vidovitost ili sposobnost vizualne percepcije stvari koje inače nisu vidljive.
- Telepatija, ili sposobnost komunikacije prenošenjem misli.

Područje proučavanja ekstrasenzornih percepcija obično se naziva parapsihologija.

Te se sposobnosti često smatraju "informacijom koja teče izvana u unutrašnjost uma".

Druga vrsta ESP-a, telekineza, smatra se "informacijom koja teče prema van iz uma".

Zapravo, telekineza se sastoji u sposobnosti utjecaja na materiju snagom uma, a izražava se fizičkim pojavama, od levitacije do bilokacije do savijanja metalnih predmeta, do teleportacije i putovanja kroz vrijeme.

Što se tiče predznanja, vidovitosti i telepatije, provedena su mnoga istraživanja, posebno u 19. i 20. stoljeću, kako bi se provjerila njihova podudarnost sa stvarnošću. Najpopularnija eksperimentalna metoda provjere bio je takozvani ganzfeldov eksperiment.

*Pokus ganzfelda.*

"Ganzfeld" je njemački izraz koji znači "jednoobrazno polje". Ovaj je izraz 1930. godine skovao Wolfgang Metzer, njemački psiholog i jedan od osnivača berlinske škole Gestalt. Označava perceptivno polje konstruirano eksperimentalnim metodama kako bi se stvorili optimalni uvjeti za proučavanje ekstrasenzornih percepcija.

U jednom ganzfeldovom eksperimentu ispitanik ima slušalice preko ušiju. Uz to, na svakom oku ima pola lopte za ping pong. Bijeli šum dolazi iz slušalica. Intenzivno crveno svjetlo postavljeno je ispred lica koje filtrira kroz ping pong loptice. Na ovaj način želimo osigurati izolaciju od moguće vanjske distrakcije.

Nakon određenog vremena provedenog u ovom stanju, pokušava se prenijeti slike subjektu ekstrasenzornim kanalom, na primjer putem telepatije.

Dok se osoba smještena na drugom mjestu fokusira na sliku koja se prenosi, primatelj opisuje ono što vidi u svom umu.

Na kraju pokušaja prijenosa redatelj pokazuje subjektu četiri slike i traži ga da naznači onu koja je najbliža primljenoj slici. (Vidi sliku 39*)*.

U tim bi slučajevima statistička stopa uspješnosti bila 25% (jedan u četiri puta). Stoga, ako primatelj pogodi sliku u 25% slučajeva, rezultat je jednak statističkom prosjeku, a eksperiment nije uspio.

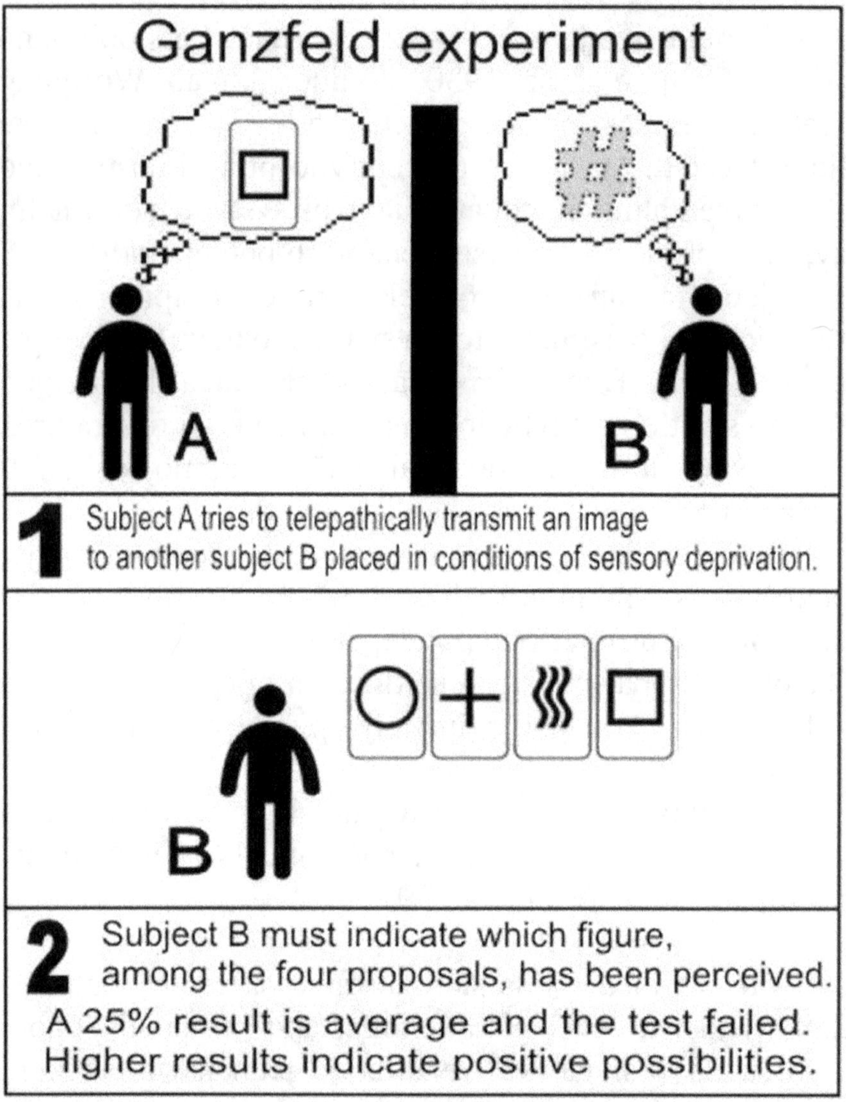
Ganzfeld experiment
A
B
1
Subject A tries to telepathically transmit an image
to another subject B placed in conditions of sensory deprivation.
B
2
Subject B must indicate which figure,
among the four proposals, has been perceived.
A 25% result is average and the test failed.
Higher results indicate positive possibilities.

*Slika 39. Mehanizam izvođenja tipičnog ganzfeldovog eksperimenta.*

*1- Volonter A pokušava telepatski prenijeti sliku volonteru B. Dvoje volontera smješteno je u različite prostorije. Dostupne su četiri slike.*

*2 - Volonter B mora naznačiti koju je sliku opazio. Prosječni rezultat trebao bi biti 25%. Test je uspješan samo ako je rezultat veći od 25%.*

CICAP (Talijanski odbor za kontrolu potraživanja pseudoznanosti), s obzirom na ove eksperimente, na svojoj web stranici piše:

"In the first ganzfeld experiments the success rate was 33-34%. We then found ourselves faced with a statistical anomaly which, according to some, proves the existence of non-normal channels of information communication"

*"U prvim ganzfeldovim pokusima stopa uspjeha bila je 33-34%. Stoga smo se suočili sa statističkom anomalijom koja, prema nekima, dokazuje postojanje ne "normalnih" kanala informacijske komunikacije. ".*

1994. Bern i Honorton objavili su članak pod naslovom „Postoji li ekstrasenzorna percepcija? Ponovljivi test nenormalnog postupka prijenosa informacija ".
Te su zaključke kasnije naveliko kritizirali drugi znanstvenici.

Doista, u svim eksperimentima koji se tiču psihičkog polja uvijek postoji problem ponovljivosti. To ovisi o činjenici da emocionalnost igra svoju ulogu na odlučujući način, kao što smo već vidjeli u 9. poglavlju.
Svakom kontaktu s ne-lokalnim pogoduju posebni stresni uvjeti ili kritični trenuci u životu. Znamo da su fenomeni telepatije apsolutno češći među ljudima povezanim jakim prijateljskim ili rodbinskim vezama, dostižući vrhunac između majki i djece.
Umjesto toga, u eksperimentima se od nepoznatih ljudi često traži da "hladno" podijele slike koje su inače lišene emocionalnog značenja.

Drugi problem dolazi od navike i ovisnosti. Ljudi koji stalno ponavljaju isti eksperiment osjećaju se sve manje uključenima. Odnosno, ljudi se na kraju predaju dosadi.

Telepatija.

Telepatija, također nazvana prijenosom misli, je sposobnost komunikacije s umom, bez upotrebe drugih alata ili uređaja koji stvaraju fizičku vezu između uključenih ljudi. Pojam dolazi od dvije grčke riječi. Prvi je "tele" što znači udaljeno. Drugi je "patheia" što znači osjećaj, percepcija.

U osnovi telepatija se odnosi na činjenicu da dvije fizički odvojene osobe mogu stupiti u kontakt jedna s drugom. To se događa bez obzira na udaljenost ili okolnosti.

Materijalistička znanost snažno osporava ovu sposobnost dijeljenja emocija i osjećaja na daljinu. Zapravo, telepatija je u suprotnosti s pretpostavkom da ništa ne postoji izvan mozga: misli, emocije, želje i sve psihičko rađa se unutar lubanje i umire na istom mjestu.

Prema materijalističkoj znanosti, ne postoje "misli" sposobne da vijore iz jednog mozga u drugi. Svako iskustvo telepatije smatra se, u najbevolentnijem slučaju, iluzijom. Često, ako netko svjedoči epizodama telepatije, smatra se žrtvom shizoidnih poremećaja osobnosti.

Unatoč tome, mnogi ljudi tvrde da su imali telepatska iskustva. U različitim anketama provedenim u SAD-u ili Velikoj Britaniji, 40 do 60% ispitanika kaže da su imali osobna telepatska iskustva.

Čini se da postoje dvije vrste telepatije. Prva vrsta je ona koja se događa između fizički bliskih ljudi, koji se poznaju i već međusobno komuniciraju. To je klasičan slučaj u kojem jedna drugoj kaže "Čitaš mi misli" što znači da je njezina namjera savršeno shvaćena i dešifrirana.

Drugi slučaj se odnosi na dvije osobe koje su fizički udaljene. Javlja se kada jedan čuje "poziv" drugog. Taj poziv može biti misao koja ih veže, ili njegova slika. Ponekad se poziv javlja tako što se čuje glas pozivatelja. To se uglavnom događa između ljudi koji imaju bliske veze, posebno kada se manifestiraju uvjeti potrebe ili opasnosti.

*Eksperimenti Josepha Rhinea.*

Klasični eksperimenti u telepatiji izvode se kroz crteže. Osoba, smještena u izoliranu prostoriju, bira predmet i pravi ga skicu. Zatim se koncentrira na prenošenje proizvedene figure primatelju, smještenoj u drugoj prostoriji.

Ova druga osoba pokušava primiti i replicirati lik koji mu je poslan. Na kraju se slike uspoređuju kako bi se identificirali svi zajednički aspekti.

Prve studije o telepatiji provelo je Britansko društvo za psihička istraživanja u kasnim 1800-ima.

Godine 1930. na Sveučilištu Duke u Durhamu u SAD-u stvoren je prvi parapsihološki laboratorij u kojem je eksperimente s Zener karticama provodio poznati Joseph Rhine.

Rhine je prvi primijenio eksperimentalne i statističke metode u potrazi za postojanjem prijenosa od uma do uma ili telepatije, koju je nazvao ekstrasenzornom percepcijom. On je svakako jedan od pionira parapsihologije.

Zener karte su posebna vrsta karata, koje je dizajnirao Karl Zener, psiholog, a koje će koristiti Joseph Rhine u svojim eksperimentima.

Špil se sastoji od 25 pravokutnih karata poput uobičajenih igraćih karata. Podijeljeni su u pet skupina sa znakom: krug, križ, kvadrat, zvijezda i val. Špil uključuje 5 jednakih grupa. (Vidi sl. 40*)*.

Eksperiment Josepha Rhinea temeljio se na dvoje ljudi. Jedna je zamolila drugu da pogodi kartu koju izvlači iz špila. U pokusima prepoznavanja niti jedan od njih nije poznavao karticu koja je ostala okrenuta na leđima

Umjesto toga, u eksperimentima s telepatijom, prvi je ispitanik vidio o kojoj je kartici riječ i pokušao je mentalno prenijeti drugoj osobi.

Naravno, dvije osobe su smještene u različite sobe.

Prema statističkoj hipotezi, a prema zakonu velikih brojeva, izgledi za pogađanje karte u špilu moraju biti oko 20% (1 prema 5).

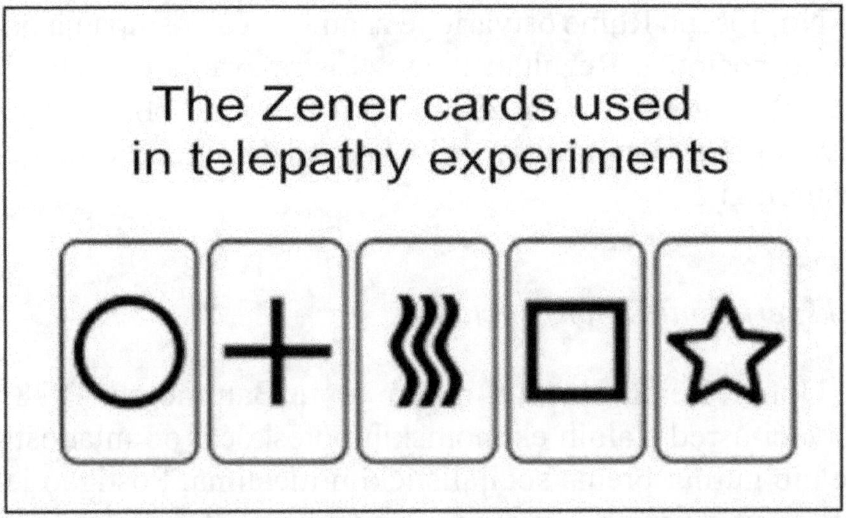


*Slika 40. Zenerove karte, korištene u mnogim eksperimentima u parapsihološkom polju. To je niz od pet simbola koji se ponavljaju pet puta, za ukupno 25 karata.*

No, Joseph Rhine ostvario je znatno veća odstupanja od ovog postotka. Rezultati njegova istraživanja objavljeni su 1940. godine u knjizi poznatoj kao ESP-60, koju je Sveučilište Harward usvojilo kao udžbenik za kolegije psihologije.

*Eksperimenti Upton Sinclair-a.*

Upton Beall Sinclair rođen je u Baltimoreu 1878. Živeći usred stalnih ekonomskih poteškoća, od mladosti je bio gurnut prema socijalističkim idealima. Postigao je izuzetan uspjeh svojim romanom "Džungla", o skandaloznoj nevolji radnika na čikaškim stočnim pijacama.

Knjigu je komentirao Jack London "priča o kolibi ujaka Toma se ponavlja". Recenzirao ga je Churchill i dobio riječi toplog divljenja od Bernarda Shawa.

Godine 1930., zajedno sa svojom drugom suprugom Mary Craig Sinclair, provodi parapsihološke eksperimente o umnožavanju slika putem telepatske komunikacije.

U svojoj knjizi Mental Radio (vidi sl. 41) opisuje izvedene eksperimente. Njegova je knjiga postigla veliki uspjeh. Njemačko izdanje uključivalo je predgovor koji je napisao Albert Einstein, koji je glasio ovako:

*Slika 41. Upton Sinclair i naslovnica njegove knjige Mental Radio objavljene 1930. s predgovorom Alberta Einsteina.*

"I have read the book of Upton Sinclair with great interest and am convinced that the same deserves the most earnest consideration, not only of the laity, but also of the psychologists by profession. The results of the telepathic experiments carefully and plainly set forth in this book stand surely far beyond those which a nature investigator holds to be thinkable. On the other hand, it is out of the question in the case of so conscientious an observer and writer as Upton Sinclair that he is carrying on a conscious deception of the reading world; his good faith and dependability are not to be doubted. So, if somehow the facts here set forth rest not upon telepathy, but upon some unconscious hypnotic influence from person to person, this also would be of high psychological interest. In no case should the psychologically interested circles pass over this book heedlessly".

*"Pročitao sam knjigu Uptona Sinclaira s velikim zanimanjem i uvjeren sam da zaslužuje najvišu pažnju ne samo od strane laika, već i od strane profesionalnih psihologa.*
*Rezultati telepatskih eksperimenata, pažljivo i jasno objašnjeni u ovoj knjizi, zasigurno nadilaze ono što bi znanstvenik mogao zamisliti. S druge strane, ne postoji mogućnost da ozbiljan pisac poput Sinclair-a namjerno čini prijevaru u svom tumačenju svijeta.*
*Ne može se sumnjati u njegovu dobru vjeru i pouzdanost. Stoga, ako se činjenice koje izlaže ne temelje na telepatiji, već na nekom hipnotičkom utjecaju nepoznatom od osobe do osobe, to bi ipak bilo od velikog psihološkog interesa. Krugovi zainteresirani za psihologiju nikako ne bi trebali zanemariti ovaj tekst.".*

Ovih nekoliko Einsteinovih riječi vrlo je jasan primjer onoga što znanstvenika bistrog uma može razlikovati od mase osrednjih umova. Einsteina je uvijek poticala duboka znatiželja i žeđ za znanjem. Ništa nije isključio a priori, ali u svakom slučaju nije odustao od istraživanja, eksperimentiranja.

To ga je navelo da razvije teorije, poput relativnosti, koje nitko nije zamislio i u koje nitko ne bi vjerovao osim nekoga poput njega, uma oslobođenog predrasuda.

S istim kriterijem Einstein nije a priori odbacio implikacije kvantne fizike. Osmislio je EPR eksperiment kako bi provjerio koliko je stvarno bilo čak i izvan njegovih sumnji.

*Eksperimenti Renéa Warcollier-a.*

Warcollier je rođen 8. travnja 1881. u Omonville-la-Rougeu u Parizu. Diplomirao je kemijsko inženjerstvo 1903. na Ecole Nationale Supérieure de Chimie. Patentirao je različite procese vezane uz sintetičku proizvodnju dragog kamenja i izradio posebna platna za kino projekcije. Aktivno se zanimao za parapsihologiju, toliko da je bio predsjednik Instituta Métapsychique International.

Njegove glavne studije telepatije uključivale su jedan ili više "odašiljača" koji promatraju sliku, dok je jedan ili više "prijemnika" pokušavaju reproducirati.

Velik dio njegovog rada nakon 1922. uključivao je mnoge pošiljatelje i primatelje raširene po cijelom

*Slika 42. René Warcollier, francuski inženjer i parapsiholog, i naslovnica njegove uspješne knjige "Mind to Mind" o njegovim telepatskim eksperimentima, objavljene 1948., ali i danas ponovno tiskane..*

teritoriju Francuske; također je koristio pošiljatelje i primatelje koji se nalaze u različitim zemljama, poput Francuske i Sjedinjenih Država, ili Francuske i Velike Britanije.

Njegova eksperimentalna metoda bila je korak naprijed u odnosu na prethodne jer je koristila crteže stvarnih objekata. Stoga je Warcollier odbacio statističku metodu i pokušao dobiti izravne dokaze za telepatiju.

Tvrdio je da, prema njegovim eksperimentima, muškarci bolje prenose misli od žena, dok su žene bolje primatelji. Također je naveo da su mlađi ljudi osjetljiviji na mentalne dojmove od starijih ljudi.

Njegovi su se eksperimenti usredotočili na to kako su izvorne slike primatelji doživljavali kao iskrivljene ili deformirane. Warcollier je shvatio da se one ne prenose kao cijele fotografije, već su različite komponente figure fragmentirane i isprepletene.

To potvrđuje i moderna neuroznanost, na način na koji se vizualne slike percipira i rekonstruira u mozgu. Prema Warcollieru, telepatske slike izlaze iz nesvjesnog u svijest i ovdje se obrađuju kao slike snova.

Stoga je zaključio da su slike koje se prenose telepatski iskrivljene i manje jasne od onih koje se normalno percipiraju očima.

Warcollier je opisao svoje eksperimente u brojnim publikacijama, uglavnom unutar 56 članaka Revue Métapsychique. Objavljene su i u njegovim brojnim knjigama, uključujući "La Télepathie" (1921.) i "La Métapsychique" (1940., 1946.) te posebno "Mind to Mind", objavljenu 1948. Ova knjiga se i danas pretiska. (Vidi sliku 42)..

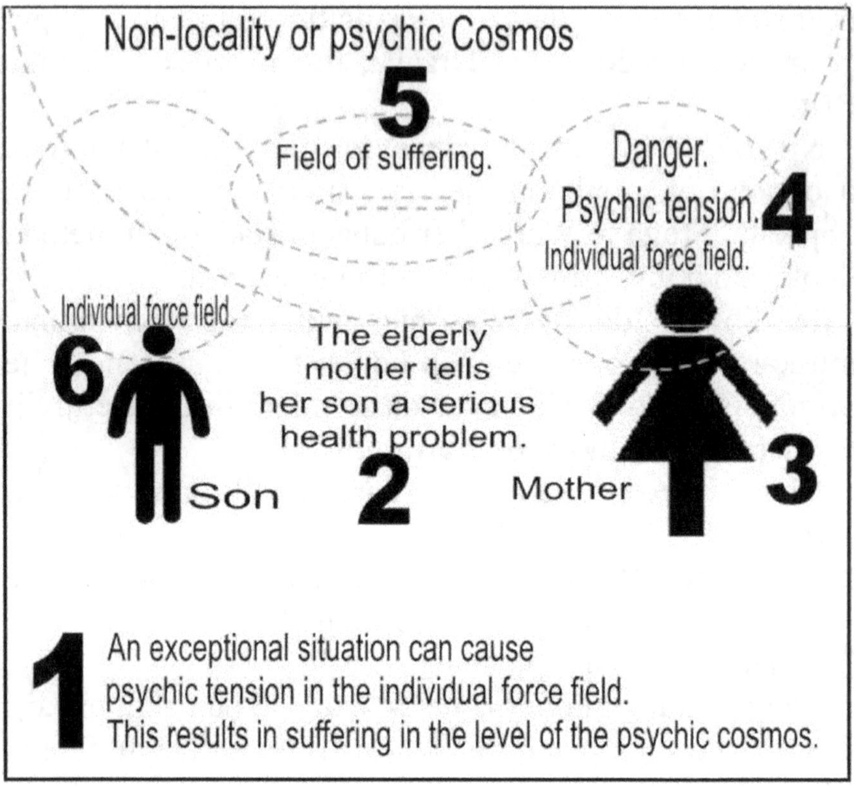
Non-locality or psychic Cosmos
5
Field of suffering.
Danger.
Psychic tension.
4
Individual force field.
Individual force field.
6
The elderly mother tells her son a serious health problem.
Son
2
Mother
3
1
An exceptional situation can cause
psychic tension in the individual force field.
This results in suffering in the level of the psychic cosmos.

*Slika 43. Kako se telepatija može dogoditi. Majčino individualno polje sile je u stanju napetosti zbog potencijalno opasne situacije. Patnja se stvara individualnim poljem djeteta koje „primi poziv".*

*1 Iznimna situacija može uzrokovati napetost u pojedinačnom polju sile. Ta se napetost pretvara u patnju u psihičkom kozmosu.*

*2 Starija majka javlja svom djetetu zdravstveni problem.*

*3-4 Psihičko polje majke je u stanju napetosti*

*5-6 Nelokalnošću se majčino polje patnje prenosi na dijete.*

*Kvantna zapetljanost i telepatija.*

Svi eksperimenti koje smo opisali samo su neki od najpoznatijih. Vodili su ih znanstvenici koji još nisu poznavali zapletanje.

Potvrda kvantne isprepletenosti omogućuje sve pretpostavke o ne-lokalnoj stvarnosti, odnosno o psihičkom kozmosu u kojem ideje i misli mogu slobodno kolati. Cirkulacija se također može odvijati u obliku telepatskih prijenosa.

Možemo zamisliti polje sile, povezano sa svakom osobom, koje povezuje njihovu fizičku stvarnost, odnosno njen um i svijest, s psihičkim kozmosom gdje mogu doći u kontakt sa svim poljima sile svemira.

Što su dvije osobe više međusobno povezane, njihova polja sile više komuniciraju. Ove komunikacije, rođene na našoj fizičkoj razini, nastavljaju se na ne-lokalnoj razini, to jest u psihičkom kozmosu.

U svim pokusima uvijek je utvrđeno da je fenomen telepatije jači što je između dvoje ljudi više prijateljska ili rodbinska veza, s maksimalnom između majke i djece.

Na slici 43 starija majka prolazi kroz težak period zbog nesreće ili teške bolesti. Njegovo individualno polje sile, nabijeno napetošću, daje energiju i šalje uzbunu u individualno polje djeteta.

Između dva tabora uspostavlja se polje patnje. Ozbiljnu situaciju dijete doživljava kao "poziv" koji se može eksplicitno izraziti na različite načine: čuje majčin glas, vidi ga, vidi opasnu situaciju u detaljima, vidi simboličku sliku koja ga tjera da zamisli opasnost.

Ista situacija je također vrlo česta među blizancima.

Mnogo je slučajeva blizanaca koji su, iako razdvojeni nakon rođenja, zabilježili nevjerojatne sličnosti u ponašanju u svojim životima. Mnogi vjeruju da su to neobične, ali moguće slučajnosti.

Kao primjer mogu navesti slučaj blizanaca iz Ohia (SAD), Jima Lewisa iz Daytona i Jima Springera iz Lime, koji su bili razdvojeni pri rođenju i nisu se poznavali. Popis utakmica je zapravo vrlo bogat. Izvještavaju o tome dvojica znanstvenika koji su se zainteresirali za slučaj, Colin Wilson i Damon Wilson u "Velikoj knjizi neriješenih misterija".

Obojicu su Jima krstili njihovi posvojitelji.
Obojica su imali naviku gristi nokte i patili su ili su patili od migrene.
Obojica su pušili istu marku cigareta.
Oboje su imali istu strast prema DIY-u.
Obojica su ljetovali u istom kraju.
Oboje su svoju djecu nazvali James Allan.
Oboje su imali psa po imenu Toy.
Obojica su radili u McDonald'su, na benzinskoj crpki (ne iz istog lanca) i kao pomoćnici šerifa.
Oboje su se razdvojili i ponovno vjenčali.
Njihova prva i druga žena imale su ista imena (Linda i Betty).

Moje je mišljenje da su u svom životu ovi blizanci nastavili, možda nesvjesno, održavati telepatske odnose, što ih je dovelo do neobično sličnih životnih izbora.

*Senzorne podudarnosti između blizanaca.*

CICAP web stranica izvještava o primjerima senzornih podudarnosti između blizanaca, definirajući ih kao "odlučno upečatljive".

> "These are cases, also decidedly sensational, presented both by pairs of twins MZ (*monozygotic*) still joined, and by twins always MZ naturally and voluntarily separated in adulthood. They usually take the form of unusual coincidences in the perception of sensations that seem to derive from experiences that only one of the twins is actually experiencing, but that the other also experiences without apparent reason. This is the case, for example, of the labor pains that appeared prematurely in one of the twins and were also perceived by the other (not pregnant) who was miles away and completely unaware of the event. Like the case of Thelma Furness, who had to face a premature birth while she was in Europe, while her twin in New York Gloria Vanderbilt, totally unaware of the emergency childbirth, felt severe abdominal pains. Or the sudden fall of a twin in conjunction with a similar accident that happened to the other that was several kilometers away. Like the case of Ross Mc Whirter, shot in the head in London on the evening of November 27, 1975, while his brother Norris, an identical twin who was 30 miles away, suffered severe headache at the same time".
> (https://www.cicap.org/n/articolo.php?id=273421)

*"Ovo su definitivno senzacionalni slučajevi koje predstavljaju parovi MZ blizanaca (monozigotnih) još uvijek spojenih u životu, ali i MZ blizanaca razdvojenih u odrasloj dobi. Obično se manifestiraju kao osjećaji koje samo jedan od blizanaca zapravo doživljava. Međutim, i drugi to doživljava bez vidljivog razloga.*

*To je, na primjer, slučaj porođajnih bolova koji su se pojavili prerano u jednom od blizanaca, a osjetio ih je i drugi (nije trudan) koji je bio miljama daleko i potpuno nesvjestan događaja. Kao u slučaju Thelme Furness, koja se suočila s prijevremenom trudnoćom dok je bila u Europi i njezine blizanke u New Yorku Glorije Vanderbilt. Gloria, potpuno nesvjesna prijevremenog poroda, osjećala je jake bolove u trbuhu.*
*Ili iznenadna nesreća jednog od blizanaca dok se slična nesreća dogodi drugom blizancu, udaljenom mnogo kilometara. Poput slučaja Rossa Mc Whirtera, upucanog u glavu u Londonu navečer 27. studenog 1975. dok je njegov brat Norris, identični blizanac koji je bio 30 milja daleko, također patio od jakih bolova u glavi.".*

Pojedinačno polje sile.

Koncept individualnog polja sile, citiran na slici 43, zaslužuje daljnje proučavanje.

Polje sile se sastoji od energije i informacija. Posljedično, čovjekovo polje sile sadrži njegovu energiju i sve informacije koje se odnose na njegov "Ego" i "Ja".

Ova informacija je njegova priča, njegova iskustva, što je bio, što je i što će biti. Energija je komponenta koja ovu informaciju čini živom i djelotvornom. Energija i informacija živog bića ne bi mogli postojati da ova osoba nema fizičko tijelo.

Zapravo, informaciju daje isprepletenost koja povezuje i isprepliće u veliko jedinstvo sve čestice koje su dio njegovog sadašnjeg fizičkog tijela, ali i one koje su bile njegov dio u prošlosti.

Vidjeli smo kako dva fotona "rođena zajedno" ostaju vezana vezom koja nije fizička nego psihička, koja određuje takvo ponašanje, kao da su jedno, čak i ako su razdvojeni.

Ova veza vrijedi ne samo za dvije čestice, već za sve čestice koje su na neki način rođene zajedno, ili su u svakom slučaju blisko dijelile svoje rođenje i postojanje s drugima.

Uočili smo da je sva materija svemira, sastavljena od čestica rođenih iz početne eksplozije energije u Velikom prasku, međusobno povezana tako da čini anima mundi u ne-lokalnoj dimenziji, veliki univerzalni um. Ovaj um se sastoji od svih informacija i sve energije svemira.

Na najnižoj razini razmatramo sve čestice koje su bile ili će biti dio živog bića. To čine sve njegove informacije i svu njegovu energiju. Može se reći da oni čine njegovu osobnu Anima mundi. Možda, oni samo čine njegovu dušu.

Na slici 44 Anima mundi pojedinca, koju po sličnosti možemo jednostavno nazvati dušom, apsolutno je osobna jer sadrži sve njezine informacije i povijest. Oni su sadržani u materiji koja je sačinjavala njegovo tijelo, a povezana su zapletom koji se ne može otopiti.

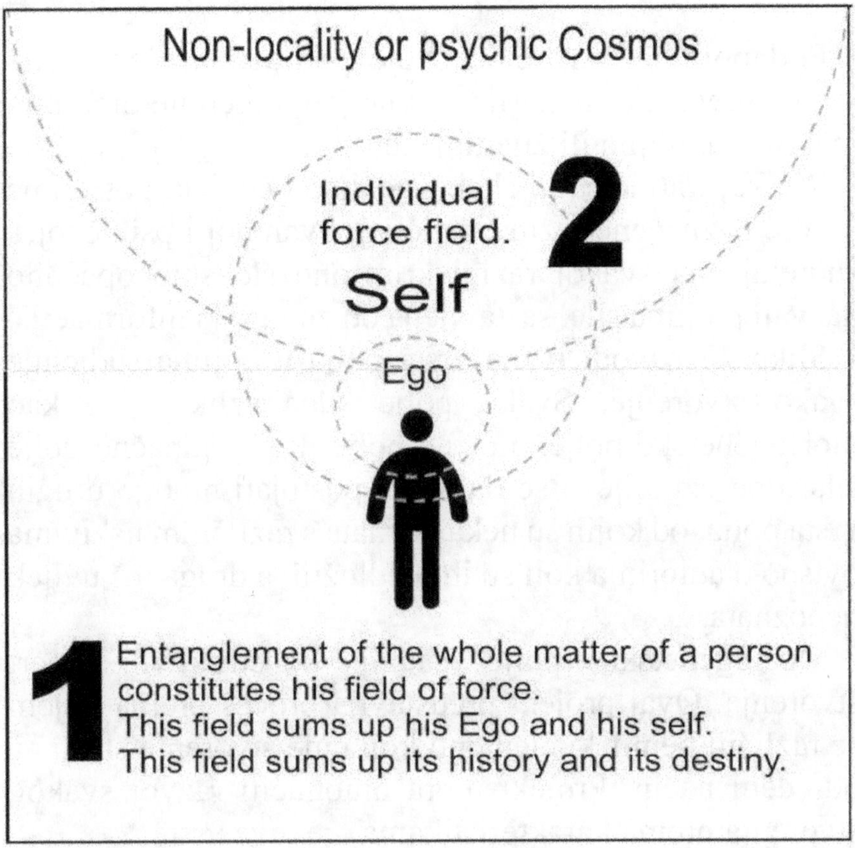


*Slika 44. Polje sile bilo koje "stvari" sastavljene od materije dio je psihičkog kozmosa.*

*Korelacije (prepletenosti) koje postoje u nečijoj materiji čine njegovo polje sile.*

*Ovo polje sile predstavlja zbroj njegovog "EGA" i njegovog "JA". Polje sile je zbirka njegove sudbine, koju on sam konstruira svojim izborima.*

*Svako stvorenje je u interakciji s više polja.*

Pod pojmom stvorenje ovdje podrazumijevamo bilo koju agregaciju materije s vlastitim identitetom, bilo mineralnu, biljnu ili životinjsku.

Rijeka, tratinčica ili skakavac, kao i čovjek, postoji na tri već naznačene razine: fizičkoj, kvantnoj i psihičkoj, i sudjeluje na svakoj razini kroz ono što smo općenito nazvali poljima sile, sastavljena od energija i informacija.

Slika 45 navodi razne vrste polja u kojima sudjeluje svako stvorenje. Svako polje sile razlikuje se kao morfogenetsko polje, morfno polje ili pojedinačno polje sila. Podrazumijeva se da može postojati mnogo drugih vrsta polja, od kojih su neka poznata s različitim nazivima ovisno o autorima koji su ih predložili, a druga još uvijek nepoznata.

Morfogenetsko polje sadrži konstruktivni nacrt stvorenja. Ovaj projekt predstavlja proces prema kojem se različiti kemijski elementi koji čine stvorenje slažu na određeni način. Projekt mora omogućiti razvoj svakog stvorenja prema karakteristikama njegove vrste.

Ovo polje stupa u interakciju sa stvorenjima dok se razvijaju, a na njega mogu utjecati i sama stvorenja. To je kontinuirana interakcija. To objašnjava mutacije.

| Each creature interacts with many force fields. | | |
|---|---|---|
| **1** | **2** | **3** |
| Morphogenetic field. | Morfic field | Individual force field. |
|  |  |  |
| Morphogenetic field leads the physical development in the various moments of growth. | Morfic field assures each species the correspondence to the psychological characters of the species. | Individual force field contains the personal story written by the individual himself. |

*Slika 45. Glavna polja sila koja prate stvorenja u njihovom postojanju.*

*1 Morfogenetsko polje upravlja fizičkim razvojem u različitim fazama rasta.*

*2 Morfičko polje osigurava da je svaki pojedinac u skladu s psihološkim karakteristikama vrste.*

*3 Individualno polje sile sadrži osobnu povijest koju je pojedinac napisao.*

Morfičko polje sadrži psihičke karakteristike vrste: instinkte, sklonosti, kulturne i duhovne kvalitete. Ovo polje je također različito po vrsti i raznolikosti. U interakciji je s pojedinačnim stvorenjima.

Povećanjem kulturne evolucije vrste, to povećanje se prenosi na sljedeće elemente iste vrste. Morfička polja mogu se smatrati sličnima arhetipovima, budući da i ona već postoje kao pojedinačna stvorenja, a također se razlikuju kako se vrsta razvija.

Pojedinačno polje sile sadrži cjelokupnu osobnu povijest stvorenja. To se razlikuje od svih drugih bića iste vrste. To je priča koja se gradi iz dana u dan prema varijacijama zbog vanjskih događaja. U slučaju ljudskih bića to je zbog slobodne volje.

Pojedinačno polje sile usko je povezano s materijalnim dijelom, odnosno s tijelom stvorenja. Zapravo, mnoga su iskustva fizičke prirode, odnosno nastaju zbog pet osjetila.

Što se ljudi tiče, jasno je da se neki fiziološki procesi uglavnom odvijaju nesvjesno. Međutim, većina radnji proizlazi iz osobnog izbora. To potvrđuje kako su pojedinačna polja sila različita za svako živo biće.

Zbog ovih karakteristika, koncept "pojedinačnog polja sile" može se usporediti s konceptom "duše".

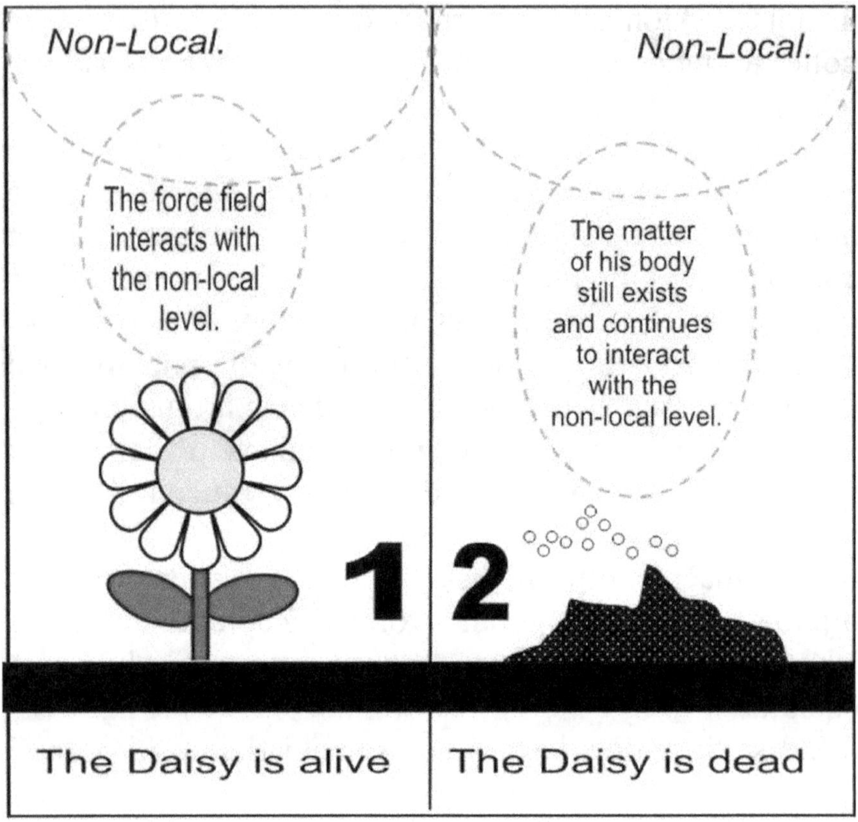


*Slika 46. Polje sile stvorenja ne prestaje postojati sve dok postoji materija koja je činila njegovo tijelo.*

*1 Tratinčica je živa. Tratinčino "polje sile" povezuje se s "ne-lokalnom" razinom.*

*2 Tratinčica je mrtva. Čestice u njegovom tijelu se transformiraju, ali nastavljaju interakciju s "ne-lokalnom" razinom.*

*A kad stvorenje umre, što se događa?*

Pitanje koje si možemo postaviti je: što se događa s pojedinačnim poljem sile kada stvorenje umre?

Apsolutno ništa. Zapravo, smrt ne uključuje uništenje materije, već samo njezinu transformaciju.

Današnji kozmolozi vole reći da smo napravljeni od zvjezdane prašine. Dapače, jest. Atomi našeg tijela moći će postati dio drugih tijela, ali isprepletenost koja ih je spojila neće prestati postojati, kao što ne prestaje postojati polje sila.

Individualno polje sile ostaje u ne-lokalnosti, u psihičkom kozmosu, pridonosi obogaćivanju ideja sadržanih u njemu i nosi sa sobom povijest onoga što je s njim zauvijek.

Čudesno, svaki atom, svaka čestica može sudjelovati u višestrukim poljima sile. To vrijedi i kada se ponovno koristi u izgradnji drugih stvorenja.

Ako je istina da nakon smrti nekog stvorenja materija njegova tijela može postati dio drugih stvorenja, također je istina da je ista materija koja je dio sada živog bića bila dio drugih stvorenja u prošlosti.

Nitko nema privilegiju "biti potpuno nov". Svi smo proizvedeni recikliranjem materijala koji je već korišten milijune ili milijarde puta.

Uostalom, lako je razumjeti kako već tijekom našeg života beskonačan broj otpadnih tvari našeg tijela, kao što su izrezani nokti, znoj, aerosoli od našeg kihanja, postaju dio drugih tijela, ali nastavljaju dijeliti i utjecati. na našem polju sile.

Ali to nas ne čudi, u svemiru u kojem je sve jedno. Dakle, je li pojedinačno polje sile stvorenja besmrtno?

Možda. Znamo da je materija energija, a sva materija u svemiru dolazi od početnog naboja energije, koji je eksplodirao u Velikom prasku.

Moguće je da će se u nezamislivoj budućnosti sva materija svemira ponovno urušiti u energiju. Kad se to dogodi, više neće biti materije.

Vjerojatno će informacija svakog stvorenja nestati, ali ne i energija koja će se vratiti da se pridruži velikoj, nepoznatoj Energiji od koje je sve počelo.

Što će biti s Dobrom i Zlom? Možda će polja sile živih bića prenijeti svoj otisak dobra i zla u Energiju.

To još uvijek može stvoriti napetost u Energiji, koja će eksplodirati u novom Velikom prasku stvarajući novi svemir, u ciklusu koji će završiti tek kada se Energija pročisti i smiri. Ali tada će to uistinu biti kraj.

.

Znanje o budućnosti.

Preznanost je sposobnost spoznaje budućnosti. Oni koji posjeduju ovu sposobnost uspijevaju steći znanje o događajima prije nego što se dogode. Oni mogu unaprijed vidjeti mjesta, objekte ili ljude kakvi će biti u budućnosti.

Pod ovim naslovom možemo grupirati mnoge druge glasove, koji se često koriste jedni za druge, ali imaju različita značenja.
Predosjećaj (osjećaj a priori) sastoji se u nejasnoj intuiciji da će se nešto dogoditi, čak i ako često ne znamo što. Nije neuobičajeno da predosjećaj izazove osjećaj brige ili tihog iščekivanja.

Precognicija (apriorno znanje) sastoji se u tome da se prvo zna što će se dogoditi u određenoj budućnosti. U određenom smislu, prekognicija predstavlja razvijeniju fazu od pukog predosjećanja.

Predosjećaj je spoznaja o nekoj pojavi koja se događa na daljinu u istom trenutku u kojem se opaža upozorenje.
Predosjećaj se sastoji od emocionalnog fenomena, vezan uz stjecanje budućih događaja na koje nas upozorava, upozorava. Često je to osjećaj koji prati određenu radnju koja se provodi ili se želi provesti, a omogućuje nam da sa sigurnošću sagledamo posljedice.

Vidovitost (jasno viđenje) je mentalna vizija činjenica koje će se dogoditi u budućnosti, kako će se razvijati, gotovo kao na fotografiji ili filmu..

Tragična avantura na moru.

Godine 1827. kitolov Grampus napustio je Nantucket, otok u Sjedinjenim Američkim Državama. Otok se nalazi 48 km južno od Cape Coda u državi Massachusetts. Kapetan Barnard znao je da je u skladištu skriven slijepi putnik, mladi Arthur Gordon, bliski prijatelj njegova sina Augustusa.

Štoviše, čak je i kapetan bio prijatelj Arthurova oca, zbog čega je prihvatio prijevaru. Dogovor je bio da se jednom na otvorenom moru "otkriva" prisutnost mladića, ali da on ostane na brodu, nesposoban da ga više iskrca. Time je mladi Arthur htio zadovoljiti svoj duh avanture zajedno s Augustom.

Sve je išlo dobro nekoliko dana dok Arthur više nije primao vijesti ni hranu od svog prijatelja u svom skrovištu. Zabrinut, otkrio je da je na brodu došlo do pobune s krvavim pričama o ubojstvima. Na primjer, govorilo se o mornarima koje je kuhar ubio sjekačem, jer je bio na strani izgrednika.

Arthur, njegov prijatelj August i pokajnički buntovnik uspjeli su stati na kraj pobuni. Nažalost, nevrijeme je teško oštetilo brod koji je ostao bez kormila.

Trojica prijatelja, zajedno s još jednim mladićem po imenu Richard Parker, morali su napustiti njezino utočište na drugom brodu koji se slučajno pojavio. Međutim, i ovaj je brod bio napušten.

*Slika 47. Slučaj kanibalizma ispričan u "The Adventures of Arthur Gordon Pym" kao ilustracija tog vremena.*

Lišeni vode i hrane, iscrpljeni, četvorica su odlučila jednog od njih žrtvovati kako bi ga ostali pojeli kako bi preživjeli. Ime Richarda Parkera je izvučeno. Mladića su odmah ubila i kanibalizirala ostala trojica. Ovi su se zapravo spasili.

Priča koju sam ovdje ukratko ispričao sažetak je kratke priče koju je 1837. napisao majstor horor književnosti Edgard Allan Poe. Naslov je "Avanture Arthura Gordona Pyma". Dakle, to je izmišljena priča.

Ali... jesmo li sigurni da je to stvarno priča koja se nikada nije dogodila?

*Istinita priča. Brodolom "Mignonette".*

Godine 1883. bogati australski odvjetnik John Henry Want, koji je bio u posjetu Engleskoj, imao je priliku posjetiti malu 16-metarsku jahtu Mignonette koja je bila na prodaju. Bio je fasciniran njime i odlučio ga kupiti.

Problem je bio doći do Australije, budući da je bio mali čamac i stoga neprikladan za taj prijelaz. Uz određene mjere opreza odlučeno je pokrenuti jahtu i to se dogodilo 19. svibnja 1884. godine iz engleske luke Southampton, s odredištem u Sydney.

Posadu su činile četiri osobe: kapetan Tom Dudley, Edwin Stephens, Edmund Brooks i središte Richard Parker, 17-godišnji dječak bez iskustva u jedrenju.

Kada je Mignonette pronađena oko 1600 milja sjeverozapadno od Rta dobre nade, udario ju je plimni val i prevrnuo je. Ubrzo je potonuo, ali je posada uspjela pobjeći na sigurno čamcem za spašavanje.

Nažalost, u žurbi sa sobom nisu donijeli ništa korisno za preživljavanje. Prepušteni sami sebi usred oceana, odlučili su jednog od njih žrtvovati za opstanak ostalih. Nisu bacili ždrijeb.

Kapetan Dudley i mornar Stephens odlučili su da će na red doći mladi Parker. Umjesto toga, drugi mornar, Brooks, bio je suzdržan. Razlog za izbor bio je taj što je Richard Parker bio bolešljiv i nije imao obitelj kojoj bi se mogao vratiti.

Trojica su spašena zahvaljujući (nedobrovoljnom) žrtvovanju mladog dječaka. Kasnije ih je između 26. i 27. srpnja 1884. spasio brod Montezuma, uz obalu Rio de Janeira.

Kod kuće su prošli suđenje.

Dana 22. prosinca 1884. Dudley i Stephens osuđeni su na smrtnu kaznu. Kasnije je, međutim, nakon opće pobune javnog mnijenja u korist preživjelih, kazna smanjena na šest mjeseci zatvora.

*Slika 48. Frontispis engleskog izdanja kratke priče Edgarda Allana Poea.*

*Slika 49. Jahta Mignonette, mali 16-metarski čamac protagonist strašne priče o brodolomu, ilustracija tog vremena.*

Književne vizije budućnosti.

Dakle, Edgard Allan Poe u svojoj fantastičnoj priči o avanturama Arthura Gordona Pyma, napisanoj 1837., govori o slučaju kanibalizma koji uključuje, nakon brodoloma, mladića po imenu Gordon Parker kojeg su pojela ostala trojica preživjelih.

Nevjerojatno, 1884., 47 godina kasnije, slučaj se stvarno dogodi i dječak po imenu Richard Parker, koji je s trojicom drugih pobjegao od potonuća Mignonette, postaje hrana za ostale preživjele.

Talijanska enciklopedija Treccani ovako definira epizode predviđanja: "Predominacija je paranormalna informacija koja se odnosi na pojavu budućih događaja. Općenito, to je predosjećaj, predznak, znak upozorenja."

Kada imamo osjećaj da će se određena činjenica dogoditi, a onda se to zapravo dogodi, to nas ostavlja zbunjenima. Kako smo uspjeli tako precizno predvidjeti događaj koji će se dogoditi tek u budućnosti?

Zapravo, predosjećaj ili predviđanje je mentalni dinamizam koji se usredotočuje na događaj koji je već sadržan u ne-lokalnoj dimenziji. Mnogi događaji koji su se dogodili u prošlosti, ili koji će se dogoditi u budućnosti, mogu nam se odjednom učiniti vrlo jasnim u svakom detalju.

U tim slučajevima naša se svijest oslobodila pravila vremena i prostora koja su na snazi u našem osjetilnom svemiru i uči od univerzalnog Uma. Ovaj Um, budući da se nalazi u ne-lokalnoj dimenziji, ne poznaje fizička ograničenja. U ne-lokalnom, sve informacije svemira dostupne su u kontekstu koji ne predviđa ni prije, ni poslije, ni sada.

U tom kontekstu, kulturna predviđanja, tipična za one koji su navikli raditi s mozgom kao pisci, kreativci i znanstvenici, uspijevaju ući u univerzalno znanje nelokalne razine. Ovdje skuplja informacije koje se u našem svakodnevnom životu mogu činiti kao iščekivanje budućih događaja.

Osim tragedije Richarda Parkera, postoje mnogi drugi slučajevi kulturnog predviđanja pisaca. Jedna od najpoznatijih je ona vezana uz potonuće Titanica.

*Futility. Potonuće "Titana"*

Morgan Robertson je američki pisac, rođen u Oswegu 1831. godine, poznat po svojim pričama temeljenim na pomorskim avanturama. Bio je strastven za ovaj žanr zbog svog podrijetla, zapravo je bio sin Andrije, zapovjednika brodova.

Čini se da je Morgan bio izumitelj periskopa, ili je surađivao u njegovoj realizaciji. Njegova slava, međutim, gotovo u potpunosti proizlazi iz priče koju je napisao 1898. s naslovom Uzaludnost. Priča o velikom oceanskom brodu koji zbog sudara s velikim santom leda tone u Atlantik.

Radnja priče usredotočuje se na protagonista Johna Rowlanda, bivšeg mornaričkog časnika Sjedinjenih

Američkih Država, alkoholičara i degradiranog, koji radi kao mornar na Titanu. Ovaj se brod jedne noći sudario s santom leda i potonuo, ali John uspijeva pobjeći ravno na santu leda s djevojkom.

Naravno, John će biti spašen uz pomoć ove djevojke. Zahvaljujući njoj riješit će svoje probleme s alkoholizmom i sretno proživjeti ostatak života.

Međutim, ono što nas u ovoj priči zanima nisu osobni događaji Johna Rowlanda, već iznimne slučajnosti koje povezuju zamišljeno potonuće Titana i stvarno potonuće Titanica. To se dogodilo 1912. godine, odnosno 14 godina kasnije.

Pokušajmo nabrojati sve podudarnosti između dva brodoloma.

*Srodnost (fantastičnog) potonuća Titana i (pravog) Titanica, koje se dogodilo nakon 14 godina.*

Ime.
Jedan se brod zvao Titan, drugi Titanik.
Žrtve brodoloma.
Oba brodoloma uzrokuju tisuće žrtava.
Uzrok brodoloma.
Oba broda potonu od sudara s santom leda.
Točka udara.
Obojica su udarila u santu leda s desne strane.

*Slika 50. Potonuće Titanica u naslovu New York Timesa. S desne strane naslovnica stare talijanske verzije kratke priče Morgana Robertsona, Uzaludnost, preimenovana u "Brodolom Titana".*

Mjesto brodoloma.
U oba slučaja brodolom se događa oko 400 milja od Newfoundlanda.
Brzina u trenutku udara.
Obojica su putovali sličnom brzinom. (25 čvorova Titan, 22,5 čvorova Titanic).
Nadimak.
Oba broda su opisana kao "nepotopiva".
Pogon.
Obje su bile tropropelerske i imale su dvije osovine.
Dimenzije.
Titan je bio dug 244 metra, Titanic malo više, 269.
Čamci za spašavanje.
Obje su imale nedovoljno čamaca za spašavanje za sve putnike.
Polazak dvaju brodova
Obojica su otišla u travnju
Navigacijski put..
Obojica su bili na putu od Velike Britanije do New Yorka.

Mora se reći da je nakon stvarnog brodoloma priča ponovno objavljena s promjenama kako bi bila sličnija stvarnosti, ali analogije koje ovdje navodim odnose se na prvu verziju.

Izvanredno, CICAP dolazi do likvidacije problema navodeći da je autoru bilo prilično jednostavno zamisliti priču o potonuću velikog broda, budući da ih je bilo toliko u optjecaju. Ne komentiramo.

Predviđanje događaja.

Svatko od nas je u nekom trenutku svog života imao neki predosjećaj. Često su predosjećaji popraćeni fizičkim senzacijama kao što su zimica, naježiti se, ali i "leptirići u trbuhu".

Istraživač sa Sveučilišta Columbia u New Yorku tvrdi da se u želucu zapravo nalazi velika mreža živčanih stanica koje su neprestano povezane s emocionalnim dijelom mozga. Očito je da emocionalno polje sile, generirano predosjećanjem, također stimulira želudac, kako bi i emociju učinila vidljivom.

Slutnje su vrlo česte i često spašavaju živote ljudi.

Godine 1956. američki inženjer William Edward Cox objavio je članak pod naslovom "Precognition. Analiza "koja sadrži izvješće o njegovom istraživanju prekognicije.

U praksi, Cox je proveo studiju u kojoj je uspoređivao broj putnika u vlakovima koji su vozili obične vožnje, s brojem putnika u 28 vlakova koji su bili uključeni u nesreće.

Usporedba je pokazala značajno smanjenje broja putnika u vlakovima koji su pretrpjeli nesreće. Umjesto toga, broj putnika u istim vlakovima koji su putovali bez incidenata bio je konstantan. (Vidi sl. 51).

Cox je objavio desetke članaka i istraživanja o parapsihologiji, a radio je u Laboratoriju za parapsihologiju Sveučilišta Duke u Durhamu u Sjevernoj

Karolini, tako da nije bio improvizator nego iskusan eksperimentator. Preminuo je 1994. godine.

Neki znanstvenici tvrde da slutnje nisu ništa drugo nego manifestacija intuicije. Kao što je već spomenuto, intuicija nije ekstrasenzorna percepcija, jer se oslanja na znanje koje već posjeduje, obrađujući ga kako bi se dobile naznake ponašanja.

Svakako postoji uzročna veza između intuitivnih reakcija i znanja koje već posjeduje. U predosjećanju, međutim, nema uzročne veze.

Čak i ako nam iskustvo govori da će vlak prije ili kasnije doživjeti nesreću, ne može nam reći da će je baš taj vlak doživjeti tog dana.

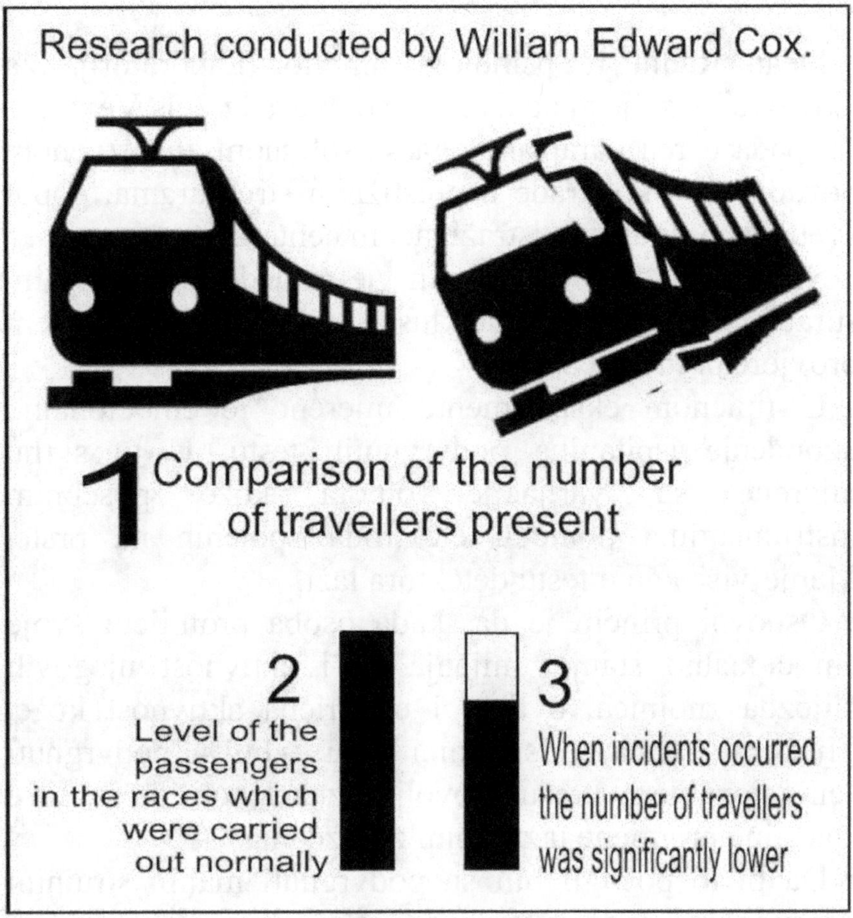


*Slika 51 Istraživanje Williama Edwarda Coxa, koji je napravio usporedbu između putnika u vlakovima na određenim dijelovima željeznice. U slučajevima kada se događaju nezgode, broj putnika je bio znatno manji.*

*1 Usporedba broja prisutnih putnika.*

*2 Broj putnika u vlakovima koji nisu doživjeli nesreće.*

*3 Broj putnika u istim vlakovima, u dane u kojima su doživjeli nesreće.*

*Eksperimenti dekana Radina.*

Dean Radin je psiholog, direktor Laboratorija za istraživanje svijesti na Sveučilištu Nevada, Las Vegas. Spada u red parapsihologa sa solidnom znanstvenom pozadinom i koji rade u prestižnim strukturama, poput sveučilišta ili drugih istraživačkih centara.

Sredinom 1990-ih Radin je zajedno sa svojim suradnicima pokrenuo ciklus eksperimenata s ciljem provjere predosjećaja.

U tipičnom eksperimentu mjereno je emocionalno uzbuđenje ispitanika podvrgnutih testu. U tu svrhu mjerene su varijacije otpora kože posebnim instrumentima pomoću elektroda spojenih na prste. Manje-više kao u testu detektora laži.

Osnovni princip je da, kada osoba promijeni svoje emocionalno stanje, mijenja se i aktivnost njegovih žlijezda znojnica, a time i električna aktivnost kože. Tijekom testa, ispitanici su bili podvrgnuti "emocionalnom stresu" dovoljno značajnom da izazove značajne promjene u znojnim žlijezdama.

Da bi to postigli bili su podvrgnuti malim strujnim udarima, iznenadnim i neugodnim mirisima. Češće su im se pokazivale slike.

## Experiments by Dean Radin

**1** To Volunteers Images from the pacific or shocking content are shown.

**2**

Quiet pictures.
The reaction
occurs 2-3 seconds
AFTER
viewing the image.

**3**

Highly emotional
images.
The test reaction is
two or three
milliseconds
BEFORE
the image is vision.

*Slika 52. U eksperimentima Deana Radina, ispitanici su, kontrolirani elektroničkom opremom, mogli uočiti dolazak šokantnih slika prije nego što su se pojavile na ekranu.*

*1 Volonteri gledaju neke slike umirujućeg ili šokantnog sadržaja.*

*2 U slučaju slika s umirujućim sadržajem, volonteri reagiraju 2 ili 3 sekunde nakon gledanja-*

*3 U slučaju slika s traumatskim sadržajem, volonteri reagiraju 2 ili tri milisekunde prije nego što se slika prikaže.*

Fotografije krajolika ili nasmijane djece izmjenjivale su se s fotografijama leševa tijekom obdukcije, ili prometnih nesreća, ili s izrazito pornografskim sadržajem. Naravno, slike su se iznenada pojavile na ekranu. (Vidi sl. 52).

Tijekom različitih sesija eksperimenta, Radin i njegovi suradnici primijetili su da su ispitanici, kada su vidjeli slike spokojnog sadržaja, zadržali svoj duševni mir.

Kad su se, pak, prikazivale slike s jakim emocionalnim nabojem, ispitanici su snažno reagirali, što su mogli detektirati povezani instrumenti.

Za sada je dobro, gdje je iznenađenje?

Iznenađenje leži u vremenu reakcije. Mjerenjem vremena reakcije na jake slike u milisekundama, otkriveno je da je emocionalno stanje variralo nekoliko milisekundi PRIJE nego što se slika pojavila. Dogodilo se baš kao da je nesvjesno subjekta unaprijed znalo da je slika koja dolazi vrlo emotivna.

*Vizija budućih katastrofa.*

Svjedočanstva koja se odnose na predviđanje katastrofa su bezbrojna. Možemo se prisjetiti prije svega jednog slučaja, klizišta koje je 21. listopada 1966. potopilo rudarsko selo Aberfan u Walesu.

Klizište više od 150.000 kubika otpada nastalog vađenjem ugljena, uzrokovano upornim kišama prethodnih dana, zatrpalo je grad u 9.15 sati. Planina krhotina također je pogodila školu dok su svi učenici bili prisutni

Da se to dogodilo sat vremena ranije, škola bi bila prazna. Među 144 žrtve ubrojano je 128 djece.

U svojoj knjizi "Prošireni um" autor Rupert Sheldrake piše kako slijedi:

> The psychiatrist J.C. Baker, who worked in the village after the tragedy, discovered that many people had had premonitions.
> He investigated 76 cases. Of these, 3 were about dreams. Some dreams were so vivid and horrifying that those who did them would wake up with a start shouting.
> Some people felt intense anguish. A ten-year-old girl, Eryl Jones, killed in the tragedy, told her mother two weeks earlier: "Mom, I'm afraid of dying" and added that she would die with her friends

*„Psihijatar J.C. Baker, koji je radio u selu nakon tragedije, otkrio je da su mnogi ljudi predosjećali. Ukupno je istražio 76 slučajeva. Od toga, 3 su se odnosila na snove. Neki su snovi bili živi i užasni do te mjere da su se neki ljudi probudili vrišteći... Neki ljudi su osjećali jaku tjeskobu."*

*"Desetogodišnja djevojčica Eryl Jones, koja je umrla u tragediji, rekla je svojoj majci dva tjedna ranije: "Mama, bojim se umrijeti." Djevojčica je dodala da će umrijeti dok je bila sa svojim prijateljima .*

*Slika 53. Prva pomoć u selu Aberfan (sa stranice Londranews.com)*

*Erylina majka se pitala zašto je djevojčica tako govorila. Zatim je dan prije Eryl rekla svojoj majci: „Sanjala sam da idem u školu i da škole nema. Nešto crno je palo i zgnječilo ga." Na zahtjev njezine majke, Eryl je pokopana pored svojih malih prijatelja."*

Druge vrste predznanja.

Postoje i druge vrste predznanja, koje nisu povezane s tragičnim događajima. Na primjer, možete prepoznati osobu na staroj fotografiji, a ubrzo nakon toga, isti dan ili sljedeći dan, možete je upoznati. Ponekad, nakon što ste pomislili na osobu, možete dobiti telefonski poziv, e-mail ili pismo.

Postoje ljudi koji uvijek unaprijed znaju kada će netko doći, pogotovo ako između njih dvoje postoje veze naklonosti ili srodstva.

Očito tada predosjećaj doživljavaju i životinje. Čini se da su mnogi u stanju predvidjeti dolazak potresa, iako ne znamo ovisi li to doista o predznanju ili o posebnoj osjetljivosti koja ih čini sposobnima uhvatiti fizičke signale koje čovjek još nije identificirao.

Provedeni su i pokusi na životinjama (psima i mačkama) koje "znaju" kada se vlasnik vraća kući. Ove životinje mogu očekivati povratak čak i ako se dogodi u različito vrijeme. Ovu svijest manifestiraju jasno eksplicitnim stavovima, kao što je stajanje pored vrata kako bi dočekali svog gospodara čim stigne.

*Osjećaj da ste promatrani.*

Osjećaj da smo promatrani prilično je čest, a često je i usmjeren, odnosno percipiramo smjer iz kojeg nas netko promatra. Ako pogledamo unatrag, možemo vidjeti da zapravo postoji netko tko gleda u nas.

Doista, vrlo često nam se događa da smo promatrači. Iz nekog razloga buljimo u osobu .. Odjednom se ova osoba okrene i njegov pogled susreće naš.

*Zlo oko i privlačnost sa šarmom.*

Taj zlonamjerni pogled je kuriozitet ljudskog ponašanja koji je oduvijek poznat i oduvijek ga karakterizira negativnost. U knjizi Evil Eye koju je 1895. objavio Frederick Thomas Elworthy tvrdi se da oko ima moć emanirati silu. Kada ova sila izvire iz oka zavidnih ili ljutih ljudi, zrak postaje zao.

Doista, Elworthy je već imao dostojne prethodnike. Vjerovanje u zlo oko tijekom antike imali su kulturni ljudi poput Aristofana, Plutarha i Heliodora. Neki Sokratovi kritičari tvrdili su da je ovaj veliki filozof posjedovao zlo oko.

Ne možemo govoriti o zlom oku, a da ne spomenemo njegovu suprotnost, fascinaciju. Ovo je sposobnost začarati pogledom. Fascinacija se javlja kada se pozitivno uključimo u predstavu, film ili nešto što nam privuče pažnju. Često nas i ponašanje osobe fascinira.

Fascinacija se često tumači kao izazivanje hipnotičkog stanja. Oni koji to pate postaju nesposobni reagirati. Najpoznatiji primjer u prirodi je smrtonosna fascinacija zmije koja žrtvu imobilizira samo pogledom.

Manje tragično, možemo reći da, na primjer, pogled šteneta ima sposobnost da nas fascinira, kao što je prirodno pogled djeteta ili voljene osobe.

## Projekt "Globalna svijest".

U prethodnom poglavlju, predstavljajući eksperimente Deana Radina, istaknuo sam iznenađujuću značajku koja je iz njih proizašla. Ljudi podvrgnuti eksperimentu unaprijed percipiraju pojavu najjačih slika. U tim slučajevima reagiraju mjerljivim električnim signalima. Odgovor se javlja rano, nekoliko milisekundi prije nego što se slika pojavi na ekranu.
Ovu pojavu anticipirane percepcije neugodnih događaja mnogi su istraživači više puta zabilježili.
Pitanje koje bi netko mogao postaviti je: ako je moguće unaprijed predvidjeti negativne situacije testiranjem osobe, ne bi li bilo moguće, testiranjem stanovnika nekog grada, predvidjeti negativne događaje koji utječu na taj grad?
Analogno tome, ako negativni događaji uzrokuju promjene u svijesti ljudi prije nego što se dogode, zar ne bi bilo moguće, testiranjem poremećaja velikog dijela stanovništva, predvidjeti negativne događaje koji utječu na cijele nacije ili kontinente, ili na cijeli planet?

*Slika 54, Sveučilište Princeton, smješteno u Princetonu, New Jersey, jedno je od glavnih sveučilišta u Ivy League i priznato je kao jedno od najprestižnijih sveučilišta na svijetu. Ovdje se temelji Global Consciousness Project.*

*Netko je pokušao. Google profil stanja raspoloženja (GPMOS)*

Skupina informatičara i statističara sa Sveučilišta Indiana pokušala je uzeti puls kolektivnog raspoloženja analizirajući raspoloženja društvenih mreža, posebice Twittera.
Za to su koristili alat koji je pripremio Google, "Google Profil of Mood States". Znanstvenici su tijekom osam mjeseci, od ožujka do prosinca 2008. godine, analizirali raspoloženja koja je GPMOS bilježio, a njih je šest: sreća, dobrota, budnost, smirenost, sigurnost, vitalnost.
Odabrali su razdoblja u kojima je vladalo raspoloženje zatišja, uspoređujući ga s burzovnim trendom, te provjerili da je, kada je uzorak iskazao ovu situaciju, burza zatvorena bez iznenađenja s točnošću prognoze od 88 posto.

*Netko je uspio. Projekt globalne svijesti (GCP)*

Netko drugi se pobrinuo za mjerenje pulsa svijeta na znanstveniji način. To je učinjeno s tekućim istraživanjem koje se odvija u sklopu projekta koji su 1980-ih stvorili profesori Robert Jahn i Brenda Dunne na Sveučilištu Princeton. Projekt je "Princeton Engineering Anomalies Research".

Ovaj projekt je nastao kada su nam različiti eksperimenti omogućili da zamislimo da bi kolektivna globalna svijest zaista mogla postojati.

Studije se sastoje od provjere psihokinetičkih učinaka ljudskih emocija na neke male elektroničke uređaje. To su elektronički generatori slučajnih brojeva. U tehničkom smislu RNG (generator slučajnih brojeva).

Znamo da brojevi mogu biti parni ili neparni. S ove točke gledišta postoje dvije mogućnosti. Stoga, kao što se događa u bacanju novčića, nakon razumnog broja bacanja rezultat postaje uravnotežen (50% -50%).

Volonteri su zamoljeni da pokušaju mentalno utjecati na izlaz parnih ili neparnih brojeva. Utvrđeno je da su volonteri zapravo mogli generirati zanimljive varijacije u odnosu na statistiku.

Kasnije je uslijedilo iznenađenje. Znanstvenici su primijetili da se postavljanjem RNG generatora u određeno okruženje rezultati često razlikuju od onih koji su statistički predvidljivi. To se dogodilo i kada nitko nije pokušao utjecati na rezultate.

Zaključak je bio da na RNG generatore mogu utjecati stanje raspoloženja ljudi u njihovom dometu. Nije bilo potrebe da dobrovoljci to pokušavaju učiniti. Činilo se da postoji "svijest zajednice" koja je u interakciji s RNG-ovima, prema prevladavajućim stanjima raspoloženja.

Eksperiment je dobio naziv "Mega Trial". Nastavljeno je uz sudjelovanje još dva istraživačka instituta, u Freiburgu i Giessenu u Njemačkoj.

Sljedećih godina zanimljivi rezultati i veća sofisticiranost tehnologija omogućili su pridruživanje mnogim drugim institutima projektu (koji je dobio naziv "Projekt globalne svijesti").

Mnogi generatori slučajnih brojeva postavljeni su praktički po cijelom svijetu, od Europe do SAD-a do Rusije, a zatim iu Japanu, Brazilu, Kini, Južnoj Americi, Australiji i Africi. Ukupno je instalirano oko 150 snažnih RNG generatora.

Ovi generatori, koji još uvijek rade, rade bez intervencije volontera koji na njih pokušavaju utjecati. Generiraju nasumične brojeve (jedan ili nula) stotine puta u sekundi, dok predviđaju, a zatim provjeravaju jesu li točno pogodili.

Prema statistikama, to bi se trebalo dogoditi u 50% slučajeva.

Ali to nije uvijek tako. Prije pojave kolektivnih događaja od značajne važnosti, generatori pogađaju izglede mnogo češće od prosjeka, kao da su na njihovo uobičajeno funkcioniranje utjecali događaji koji će se dogoditi ubrzo nakon toga.

U praksi, RNG-ovi su u stanju zabilježiti značajnu promjenu u kolektivnoj svijesti zajednica koje spadaju u njihov raspon utjecaja, što se izražava u većem broju točnih predviđanja.

Ako događaj može utjecati na cijeli kontinent, svi generatori tog kontinenta bilježe iste varijacije. Kao potvrdu, zabilježeni su ogromni skokovi točnih predviđanja nekoliko sati prije napada na tornjeve blizance u New Yorku 11. rujna 2001.

Ti se vrhunci nastavljaju događati, lokalno ili globalno, u satima koji prethode događajima koji će ubrzo nakon toga emocionalno uključiti populacije koje se nalaze unutar njihovog raspona djelovanja.

Valja reći da na generatore utječu ne samo negativni događaji, nego i pozitivni, kao što se dogodilo prilikom svečanog otvaranja Olimpijskih igara ili drugih velikih međunarodnih sportskih događaja.

Jedini problem je što nam u većini slučajeva alati omogućuju razumijevanje kada je čovječanstvo u napetosti oko nečega što se mora dogoditi, ali nije moguće utvrditi kako će se to dogoditi i gdje.

*"Projekt globalne svijesti" danas.*

Od 1980. do 2002. godine nastavljen je projektni rad pod vodstvom prof. Roger D. Nelson, koji je sada njegov koordinator. Profesor. Nelson se specijalizirao za proučavanje svijesti i namjere te uloge uma u fizičkom svijetu. Njegov rad integrira znanost i duhovnost. Uključuje istraživački model koji se izravno usredotočuje na brojna zajednička iskustva.

Nelson je koristio RNG tehnologiju za proučavanje učinaka specifičnih stanja svijesti u ljudskim skupinama.

To se sada sastoji od globalno distribuirane mreže RNG-ova, koji kontinuirano šalju podatke na poslužitelj koji se nalazi na Sveučilištu Princeton.

Mreža je dizajnirana da bilježi naznake uzbuđenja globalne svijesti zbog velikih svjetskih događaja kao što su počeci ratova, prirodne katastrofe, veliki sportski događaji i velike proslave poput Nove godine.

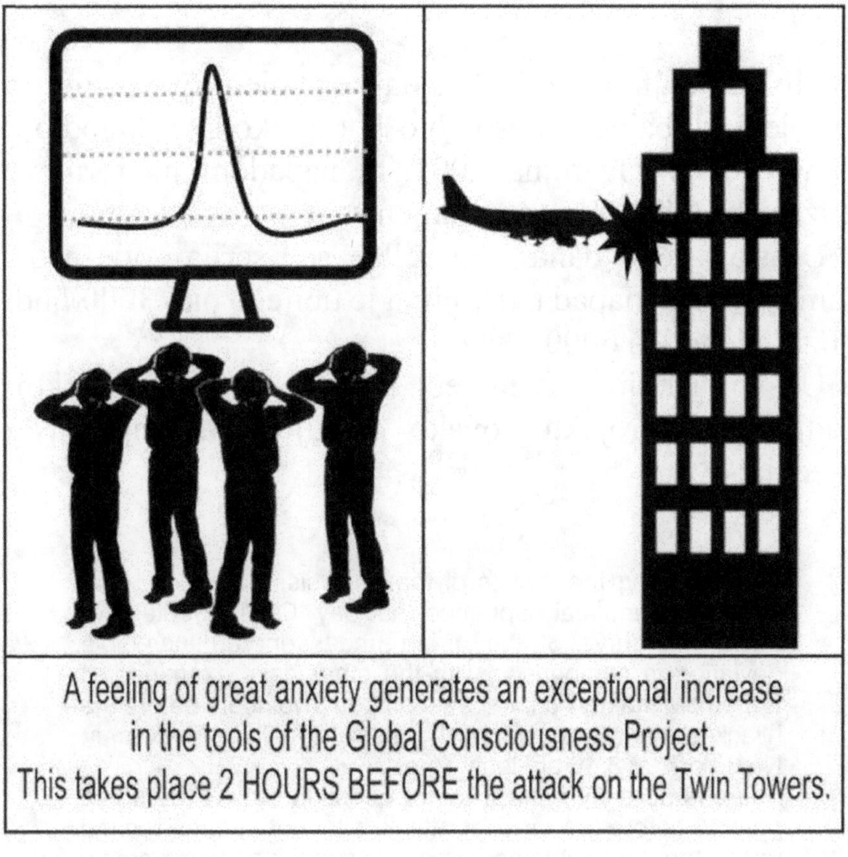


*Slika 55. New York, 11. rujna 2001. Instrumenti "Projekta globalne svijesti" bilježe vrlo jaku napetost u svjetskoj populaciji dva sata prije nego što se dogodi udar zrakoplova o prvi toranj..*

*Slučaj "Twin Towers" u New Yorku.*

Možda najtragičniji događaj o kojem je izvijestio "Projekt globalne svijesti" bio je onaj koji se dogodio u New Yorku 11. rujna 2001., s napadom na tornjeve blizance i njihovim urušavanjem.

Doista, tog dana dogodila se serija od četiri samoubilačka napada, u kojima je ubijeno oko 3000 ljudi i ozlijeđeno još 6000.

U svojoj knjizi "Zamršeni umovi" Dean Radin, koji sudjeluje u projektu, ovako opisuje ponašanje RNG uređaja:

> "In examining the results of the analysis, we noticed that something unusual happened that day. On 11 September 2001, the curve of the graph underwent an incredible deviation in comparison with the other days examined. It turned out that this curve peaked about two hours before the hijacked plane crashed on the first of the Twin Towers, in New York, at 8.46 am local time.
> There is no easy answer to the question of why the curve peaked before the terrorist attack, although it does remind us of the data obtained from precognition experiments. What caused this big change? Has the massive coherence achieved by the whole of minds, at world level, that day been reflected in the behavior of random number generators? It seems that things have gone this way. "

*"Uvidom u rezultate analize uočili smo da se tog dana dogodilo nešto neobično. Dana 11. rujna 2001. krivulja grafa doživjela je nevjerojatno odstupanje u usporedbi s ostalim ispitivanim danima.*

*Ne postoji jednostavan odgovor na pitanje zašto je krivulja dosegla vrhunac prije terorističkog napada, iako nas podsjeća na podatke dobivene iz eksperimenata prekognicije."*

## Zaključci. Je li pravo vrijeme?

Od početka civilizacije, čovječanstvo je uvijek napredovalo nelinearnim putem, iako je darvinizam podržavao teoriju postupne evolucije vrsta, koja je progresivno, kroz povoljne mutacije, krenula putem prilagodbe na uvjete okoline, tj. naziva "filetički gradualizam".

Godine 1972. dva znanstvenika, Stephen Jay Gould i Niles Eldredge, predložili su teoriju "punktuiranih ravnoteža". Na temelju proučavanja fosila, dva znanstvenika osporila su linearnu progresivnost evolucije. Tvrdili su da vrsta ostaje stabilna dugo vremena, a zatim varira u kratkim razdobljima.

U praksi se evolucijske promjene događaju relativno brzo, pod impulsom selektivnih sila okoline; ti bi naleti evolucijskih varijacija bili prošarani dugim razdobljima stabilnosti.

Dvojica znanstvenika mislila su na evoluciju vrsta na biološkom planu, ali je očito da je, što se čovjeka tiče, biološka evolucija također praćena kulturnom evolucijom.

Doista, i sami smo se u 14. poglavlju zapitali zašto je čovjek ostao nepomičan gotovo četiri milijuna godina u kamenom dobu, da bi se potom razvijao nevjerojatnom brzinom tijekom posljednjih 12 000 godina, sve do doba informacijske tehnologije. (vidi sliku 30).

S tim u vezi podržao sam načelo pravog vremena. Za sve postoji pravi trenutak da se to ostvari, trenutak u kojem su vanjski objektivni uvjeti pogodni da se to lakše ostvari.

Pravi trenutak očituje se nizom sinkroniciteta koji potiču da se "uhvati trenutak." Sinkroniciteti stimuliraju jednu osobu ili cijelu zajednicu da se upusti u avanturu promjene.

Postoje pravi trenuci za svakoga od nas, ali prije svega postoje pravi trenuci za agregacije, narode, cijelo čovječanstvo.

To su trenuci u kojima je moguće napraviti nevjerojatne skokove u svijesti o novim razinama kulture i civilizacije kojima treba težiti. U tim slučajevima, osobito snažni, uporni i ponavljani sinkroniciteti tjeraju ljude da naprave evolucijski skok.

Vjerujem da proživljavamo jedan od tih trenutaka, odnosno prijelaz iz civilizacije materije u civilizaciju materije sjedinjene s psihom.

Nevjerojatan niz sinkroniciteta vodi nas prema ovom cilju. Doživjet ćemo evolucijsku fazu uma u kojoj će se sve promijeniti. Ako čovječanstvo ima hrabrosti napraviti ovaj skok, ništa više neće biti isto.

Svjedoci smo razvoja kvantne fizike, nevjerojatnog otkrića nelokalne stvarnosti u kojoj se događa zapetljanost, nedavnog razvoja projekta "Globalna svijest". Sve se to poklapa s teorijama psihoterapeuta Carla Gustava Junga o kolektivnom nesvjesnom. Mnogo je proizašlo iz Jungovog susreta i suradnje s kvantnim fizičarem Wolfgangom Paulijem.

Mogli bismo se prisjetiti na desetke i desetke drugih podudarnih događaja, poput studija Ruperta Sheldrakea o morfološkim poljima ili teorije o holografskom svemiru fizičara Davida Bohma.

Svi ovi događaji koncentrirani u posljednjih pedeset godina predstavljaju burnu rijeku sinkroniciteta koja stvara vrtloge sposobne zbrisati stoljeća vjerovanja koja više nisu u skladu sa stvarnošću.

Među tim pometenim uvjerenjima nalazimo materijalizam na prvom mjestu. Posljedično, nevjerica i osuda koja je definirala izvanosjetilne percepcije "iluzije i obmane" su pometene.

Istina je da su, u općoj zbrci, čitave vojske nepoštenih to iskoristile da obmanu druge hvaleći se da imaju navodne moći ili sposobnosti. To je rezultiralo diskreditacijom i poricanjem cjeline.

Vrijeme je da vratimo vjerodostojnost fenomenu ekstrasenzornih percepcija. Temi se mora pristupiti ozbiljno. Moramo biti svjesni da nam je jezik ekstrasenzornih pojava još uvijek nepoznat. Ali sada znamo da gramatika i rječnik postoje i možemo se potruditi da ih proučimo.

# Bibliography

**Amir Dan Aczel,** Entanglement. The greatest mystery of physics.
**Barbour Julian,** End of the time.
**Barrow John David,** From zero to infinity. The great story of Nothing.
**Barrow John David,** The numbers of the universe,
**Barrow John David,** Why is the world a mathematician?
**Barrow John David, look Frank** The anthropic principle.
**Beitman Bernard,** Messages from coincidences.
**Cambray Joseph,** Synchronicity. Nature and Psyche In a connected universe.
**Cantalupi Tiziano, Santarcangelo Donato,** Psychism and reality. .
**Capra Fritjof,** The Tao of physics.
**John Cederquist,** Coincidences They don't exist.
**Cesati Cassin Marco,** We're not here by chance.. The power of coincidences.
**Subrahmanyan Chandrasekhar,** Truth and Beauty. The reasons for aesthetics in science.
**Chinnici Giorgio,** Case Guard. The secret mechanisms of the quantum world
**Chopra Deepak,** Coincidences
**Ford Kenneth,** The world of Quanta. Quantum physics For everyone.
**Gamow George,** The Adventures of Mr. Tompkins.
**Gamow George,** Mr. Tompkins ' New World.
**Goswami Arneb,** Quantum Lighting Guide.
**Greene Brian,** The plot of the cosmos. Space,

**Greene Brian,** The hidden universes of parallel reality And the profound laws of the cosmos.
**Greene Brian,** The elegant universe. Superstrings, hidden dimensions and the pursuit of definitive theory.
**Hawking Stephen** The Universe in a nutshell.
**Hawking Stephen** The theory completely. Origin and destination Dell Universe.
**Hawking Stephen** The great history of the time.
**Hawking Stephen** Do Big Bang For black holes. A brief history of the universe.
**Heckler, Richard,** Coincidences.
**Robert Hopke,** Nothing happens by chance.
**Joseph Frank,** The power of coincidences.
**Young Carl** The analysis of Dreams. Archetypes of the unconscious. Synchronicity.
**Young Carl** Memories, DreamsReflections.
**Kane Gordon,** The Garden of Particles Elemental.
**Shani Mani** Quantum. From Einstein In Bohr, quantum theory, a new idea of reality..
**Rei Hans,** Christianity and Chinese religiosity.
**Lederman Leon, Hill Christopher,** Physical Quantum for Poets
**Licata Ignazio,** Watching the Sphinx.
**Motterlini Matteo,** Mental traps.
**Peat David,** Synchronicity. A union between the matter e Psyche.
**Popper Karl,** The Ego and your brain.
**Radin Dean.** Intertwined minds. Psychic phenomena explained by quantum physics.
**Rhine Louisa,** Psychokinesis. in mind Dominates matter..
**Schumacher Ernst,** A guide to the Perplexed, the B
**Sheldrake Rupert,** The illusions of Science.
**Sheldrake Rupert,** The mind Extended..
**Michael Smith,** Young and Shamanism.

**Sparzani and Panepucci. (**Curators**)** Young and Pauli. The original correspondence: The meeting between psyche and matter.
**Henry Stapp** Quantum theory and free will..
**Michael Talbot,** All is a. Feltrinelli
**Teodorani Massimo,** Bohm. The Physics of Infinity.
**Teodorani Massimo,** in mind Creative. From the physical universe to intelligent life.
**Teodorani Massimo,** The entanglement. The Weave In the quantum world: particles To consciousness.
**Teodorani Massimo,** Synchronicity. The link between physics and psyche. Da Pauli Young ' s Next In Chopra.
**Teodorani Massimo,** The Atom and the particles Elementary.
**Seems Frank** The physics of Immortality.
**John White,** The encounter between science and spirit..
**Claudio Widmann,** Synchronicity and coincidences Significant.
**Claudio Widmann,** Introduction to Synchronicity.

Bruno Del Medico, bloger, pisac, urednik, specijaliziran za širenje problematike povezanih s društvenim aktualnostima i novim granicama znanosti. Autor je mnogih tekstova vezanih uz nedavnu pandemiju i specijalizirane serije o kvantnoj fizici i metafizici. pandemiju i specijalizirane serije o kvantnoj fizici i metafizici.

www.ingramcontent.com/pod-product-compliance
Lightning Source LLC
LaVergne TN
LVHW050656051026
849532LV00002B/654